Доклады Независимых Авторов

Периодическое многопрофильное научно-техническое издание

Выпуск №11

Россия - Израиль
2009

The Papers of independent Authors

(volume 11, in Russian)

Russia - Israel
2009

Отправлено в печать **20.03.2009**
Напечатано в США, Lulu Inc., каталожный № **6334835**
ISBN 978-0-557-05831-0
Сайт со сведениями для автора - http://dna.izdatelstwo.com
Контактная информация - publisher-dna@hotmail.com
Факс: ++972-8-8691348
Адрес: POB 15302, Bene-Ayish, Israel, 60860
Форма ссылки: *Автор. Статья*, «Доклады независимых авторов», изд. «DNA», Россия-Израиль, 2009, вып. 11, printed in USA, Lulu Inc., ID 6334835, ISBN 978-0-557-05831-0

Истина – дочь времени, а не авторитета.
Френсис Бэкон

Каждый человек имеет право на свободу убеждений и на свободное выражение их; это право включает свободу беспрепятственно придерживаться своих убеждений и свободу искать, получать и распространять информацию и идеи любыми средствами и независимо от государственных границ.
Организация Объединенных Наций. Всеобщая декларация прав человека. Статья 19

От издателя

"Доклады независимых авторов" - многопрофильный научно-технический печатный журнал на русском языке. Журнал принимает статьи к публикации из России, стран СНГ, Израиля, США, Канады и других стран. При этом соблюдаются следующие правила:

1) статьи не рецензируются и издательство не отвечает за содержание и стиль публикаций,
2) автор оплачивает публикацию,
3) журнал регистрируется в международном классификаторе книг ISBN, передается и регистрируется в основных библиотеках России, библиотеке Конгресса США, национальной и университетской библиотеке Израиля,
4) приоритет и авторские права автора статьи обеспечиваются регистрацией журнала в ISBN,
5) коммерческие права автора статьи сохраняются за автором,
6) журнал издается в США,
7) журнал продается в интернете и в тех магазинах, которые решат его приобрести, пользуясь указанным международным классификатором.

Этот журнал - для тех авторов, которые уверены в себе и не нуждаются в одобрении рецензента. Нас часто упрекают в том, что статьи не рецензируются. Но институт рецензирования не является идеальным фильтром - пропускает неудачные статьи и задерживает оригинальные работы. Не анализируя многочисленные причины этого, заметим только, что, если плохие статьи может отфильтровать сам читатель, то выдающиеся идеи могут остаться неизвестными. Поэтому мы - за то, чтобы ученые и инженеры имели право (подобно писателям и художникам) публиковаться без рецензирования и не тратить годы на "пробивание" своих идей.

Хмельник С.И.

Содержание

Серия: **АГРОТЕХНИКА**

Гершман Я.Х

Сепарация семян по состоянию их зародыша позволит победить мировой дефицит продовольствия

Дефицит сельскохозяйственной продукции грозит опасностью Всемирного голода и вынуждает научное сообщество найти новые решения как можно быстрее. Возможно, генная инженерия принесет фантастические результаты в будущем, но уже сейчас необходимо использование всех возможных вариантов для повышения продуктивности растений. Одним из них должно быть использование для посева материала с наилучшим биологическим потенциалом.

К сожалению, до сегодняшнего дня семена сортируются в соответствии со слабой корреляцией между их физическими свойствами (масса, размер, плотность, цвет, трения и т.д.) и их потенциальной урожайностью. В принципе, все основные механические методы сепарации оставались такими же, как и в Библейские времена.

Однако ясно, что будет гораздо более логично сортировать семена по другому принципу - по состоянию их зародыша - спящего будущего растения в миниатюре - и, следовательно, сделать поворот от использования внешних параметров к внутренним!

Конечно, осуществить соответствующие измерения в режиме реального времени не просто, но современные физические методы это позволяют.

Наши пилотные эксперименты, проведённые в лабораторных и полевых условиях Израиля на семенах хлопка, подсолнечника, томатов, перца, пшеницы, ржи и кукурузы показали, что для сортировки в промышленных масштабах можно построить недорогой компьютеризованный сепаратор, разделяющий семена по состоянию их зародыша. Используя современные методы неразрушающего контроля качества, компьютерные программы, использующие методы искусственного интеллекта, и ультрабыструю пневматику можно дать сельскому хозяйству следующие возможности:

1. Увеличить урожайность на 10 -20% за счёт повышения полевой всхожести семян на 15-25% при снижении на 10-15% количества отходов и механических повреждений, которые семена получают в ходе традиционной механической сортировки. Важно, что можно будет подготовить семена с однородными биологическими свойствами, и это позволит сократить время каждой технологической операции по выращиванию растений.
2. Применение новых методов измерения свойств зародышей у большого количества семян свойств облегчит селекцию новых сортов и производство гибридных семян.
3. Станет возможным сортировать семена плёнчатых и панцирных видов и сохранить для продовольственных целей семена с выбитым зародышем.
4. Возникает возможность получить экспресс-данные о качестве семян для выработки рекомендаций для оптимального регулирования существующих механических линий сортировки и очистки семян, что может позволить увеличить их производительность на 20-40% при уменьшении количества отходов и увеличении всхожести семян на 10 -15%, что может привести к росту урожайности на 5 -10%.
5. Увеличение экспорта сельскохозяйственной продукции в страны, которые боятся использования методов генной инженерии и модифицированных продуктов.
6. Снижение нагрузки на окружающую среду:
   - Высокоразвитые семена могут сильнее сопротивляться болезням и имеют больше возможностей для конкуренции с сорняками (в том числе ядовитыми) и поэтому требуют меньше затрат на химическую обработку;
   - Высокоразвитые семена могут дать тот же урожай с меньшей площади (до 20-25%) и, следовательно, снизить объем механической нагрузки на почву и затраты на удобрения.

Мы работаем с семенами с 1972 года, разработали несколько механических, рентгеновских и электрооптических сепараторов, но пришли к выводу, что эти традиционные методы себя окончательно исчерпали и поэтому необходимо направить усилия на создание новых машин, которые смогут сортировать семена по состоянию их зародыша. Каждый вид семян имеют свою специфику, поэтому для быстрой разработки таких сортировщиков необходимы коллективные международные усилия, и мы приглашаем наших коллег сотрудничать с нами.

Я не знаю, это вторая "зеленая революция" или нет, но уверен, что это поможет защитить человечество от голода.

Каждый вид семян имеют свою специфику, и мы готовы разработать соответствующее оборудование.

Серия: **МАТЕМАТИКА**

Недосекин Ю.А.

Простой способ построения высокоточных формул для вычисления производных любого порядка на одномерной равномерной сетке и их использование в некоторых задачах численного анализа

Аннотация

Предложен простой способ построения высокоточных формул численного дифференцирования для вычисления производных любого порядка на одномерной равномерной сетке. На основе использования производных рассмотрены задачи численного анализа: интерполирование и дифференцирование функции, вычисление определенного интеграла. Предложенный способ интерполирования функции является более точным, чем интерполяция методами Лагранжа и кубического сплайна. Получены квадратурные формулы, превосходящие по точности формулу Симпсона.

Содержание

На практике интерполирование и численное дифференцирование функции осуществляют в основном при помощи некоторого интерполяционного многочлена. При численном интегрировании применяют квадратурные формулы, полученные на основе интерполяционных многочленов. При этом используют только значения функции в узлах некоторой сетки, заданной на отрезке $[a, b]$. Интерполяционный многочлен Эрмита, построенный с учетом значений функции и ее производных до некоторого порядка включительно в узлах произвольной сетки, в силу громоздкости своих выражений широкого применения не получил.

В данной работе на основе полученных формул численного дифференцирования рассмотрены задачи интерполирования функции, численного дифференцирования функции и численного вычисления определенного интеграла на равномерной сетке.

1. Вычисление производных в узлах равномерной сетки

Пусть на отрезке $[a\,,b]$ введена равномерная сетка

$$x_i = a + ih\,, \quad i = 0\,,1\,,2\,,\ldots,\,N \tag{1}$$

с шагом $h = (b-a)/N$, в узлах которой определена сеточная функция $f(x_i)$. Вычислим приближенные значения производных $f^{(m)}(x_i)$ в узлах этой сетки через значения сеточной функции.

Введем обозначения:

$$f(x_i \pm kh) = f_{i\pm k}\,, \quad f^{(m)}(x_i) = f_i^{(m)}\,, \tag{2}$$

где $m = 1\,,2\,,\ldots,n$ – порядок производной, n – четное, $k = 0\,,1\,,2\,,\ldots,n/2$.

Разложим функцию $f(x_i \pm kh) = f_{i\pm k}$ в окрестности точки x_i в ряд Тейлора до n-й производной включительно.

$$f_{i-k} = f_i - khf_i' + \frac{(kh)^2}{2!}f_i'' - \frac{(kh)^3}{3!}f_i''' + \ldots + \frac{(kh)^n}{n!}f_i^{(n)}\,, \tag{3}$$

$$f_{i+k} = f_i + khf_i' + \frac{(kh)^2}{2!}f_i'' + \frac{(kh)^3}{3!}f_i''' + \ldots + \frac{(kh)^n}{n!}f_i^{(n)}\,, \tag{4}$$

где $k = 1\,,2\,,\ldots,n/2$.

Уравнения (3) и (4) представляют собой систему n уравнений с n неизвестными относительно производных $f_i^{(m)}$, решив которую, найдем значения этих производных через значения сеточной функции f_j, где $j = i \pm k$, $k = 0\,,1\,,2\,,\ldots,n/2$. Значения сеточной функции f_j расположены симметрично относительно узла i, в котором определяется производная $f_i^{(m)}$. Здесь сеточная функция f_j определена на отрезке $[a-nh/2\,, b+nh/2]$, значения же производных $f_i^{(m)}$ определены на отрезке $[a\,, b]$. Такое расширение отрезка $[a\,, b]$ на небольшое количество узлов $(n/2)$ слева и справа от его концов для сеточной функции не является затруднительным при заданной производящей функции в аналитическом или табличном виде в предположении ее непрерывности и принадлежности к своей области определения.

При сложении уравнений (3) и (4) и их вычитании друг из друга получим две независимые системы уравнений:

$$\frac{\left(f_{i-k}+f_{i+k}-2f_i\right)}{2}=\frac{(kh)^2}{2!}f_i''+\frac{(kh)^4}{4!}f_i^{(4)}+\ldots+\frac{(kh)^n}{n!}f_i^{(n)}, \quad (5)$$

$$\frac{\left(f_{i+k}-f_{i-k}\right)}{2}=khf_i'+\frac{(kh)^3}{3!}f_i'''+\ldots+\frac{(kh)^{n-1}}{(n-1)!}f_i^{(n-1)}. \quad (6)$$

Решим каждую из систем уравнений (5) и (6) для некоторых значений n.

$\underline{n=2, \quad k=1}$.

$$f_{i-1}+f_{i+1}-2f_i=h^2f_i'' \;\Rightarrow\; f_i''=\frac{1}{h^2}\left(f_{i-1}-2f_i+f_{i+1}\right), \quad (7)$$

$$f_{i+1}-f_{i-1}=2hf_i' \;\Rightarrow\; f_i'=\frac{1}{2h}\left(f_{i+1}-f_{i-1}\right). \quad (8)$$

Формулы (7) и (8) имеют точность $O(h^2)$.

$\underline{n=4, \quad k=1,2}$.

$$\begin{cases} f_i''+\dfrac{h^2}{12}f_i^{(4)}=\dfrac{1}{h^2}\left(f_{i-1}+f_{i+1}-2f_i\right) \\ f_i''+\dfrac{h^2}{3}f_i^{(4)}=\dfrac{1}{4h^2}\left(f_{i-2}+f_{i+2}-2f_i\right) \end{cases}, \quad (9)$$

$$\begin{cases} f_i'+\dfrac{h^2}{6}f_i'''=\dfrac{1}{2h}\left(f_{i+1}-f_{i-1}\right) \\ f_i'+\dfrac{2h^2}{3}f_i'''=\dfrac{1}{4h}\left(f_{i+2}-f_{i-2}\right) \end{cases}. \quad (10)$$

Разрешив системы уравнений (9) и (10), получим:

$$\begin{cases} f_i' = \frac{1}{12h}\left(f_{i-2} - 8f_{i-1} + 8f_{i+1} - f_{i+2}\right) \\ f_i'' = \frac{1}{12h^2}\left(-f_{i-2} + 16f_{i-1} - 30f_i + 16f_{i+1} - f_{i+2}\right) \\ f_i''' = \frac{1}{2h^3}\left(-f_{i-2} + 2f_{i-1} - 2f_{i+1} + f_{i+2}\right) \\ f_i^{(4)} = \frac{1}{h^4}\left(f_{i-2} - 4f_{i-1} + 6f_i - 4f_{i+1} + f_{i+2}\right) \end{cases} . \qquad (11)$$

В (11) производные f_i' и f_i'' имеют точность $O(h^4)$, а производные f_i''' и $f_i^{(4)}$ – $O(h^2)$.

$n = 6, \quad k = 1, 2, 3.$

$$\begin{cases} f_i'' + \frac{h^2}{12} f_i^{(4)} + \frac{h^4}{360} f_i^{(6)} = \frac{1}{h^2}\left(f_{i-1} + f_{i+1} - 2f_i\right) \\ f_i'' + \frac{h^2}{3} f_i^{(4)} + \frac{2h^4}{45} f_i^{(6)} = \frac{1}{4h^2}\left(f_{i-2} + f_{i+2} - 2f_i\right) \\ f_i'' + \frac{3h^2}{4} f_i^{(4)} + \frac{9h^4}{40} f_i^{(6)} = \frac{1}{9h^2}\left(f_{i-3} + f_{i+3} - 2f_i\right) \end{cases} . \qquad (12)$$

$$\begin{cases} f_i' + \frac{h^2}{6} f_i''' + \frac{h^4}{120} f_i^{(5)} = \frac{1}{2h}\left(f_{i+1} - f_{i-1}\right) \\ f_i' + \frac{2h^2}{3} f_i''' + \frac{2h^4}{15} f_i^{(5)} = \frac{1}{4h}\left(f_{i+2} - f_{i-2}\right) \\ f_i' + \frac{3h^2}{2} f_i''' + \frac{27h^4}{40} f_i^{(5)} = \frac{1}{6h}\left(f_{i+3} - f_{i-3}\right) \end{cases} . \qquad (13)$$

Разрешив системы уравнений (12) и (13), получим:

$$
\begin{cases}
f_i' = \dfrac{1}{60h}\left(-f_{i-3} + 9f_{i-2} - 45f_{i-1} + 45f_{i+1} - 9f_{i+2} + f_{i+3}\right) \\
f_i'' = \dfrac{1}{180h^2}\begin{pmatrix} 2f_{i-3} - 27f_{i-2} + 270f_{i-1} - 490f_i + \\ + 270f_{i+1} - 27f_{i+2} + 2f_{i+3} \end{pmatrix} \\
f_i''' = \dfrac{1}{8h^3}\left(f_{i-3} - 8f_{i-2} + 13f_{i-1} - 13f_{i+1} + 8f_{i+2} - f_{i+3}\right) \\
f_i^{(4)} = \dfrac{1}{6h^4}\begin{pmatrix} -f_{i-3} + 12f_{i-2} - 39f_{i-1} + 56f_i - \\ -39f_{i+1} + 12f_{i+2} - f_{i+3} \end{pmatrix} \\
f_i^{(5)} = \dfrac{1}{2h^5}\left(-f_{i-3} + 4f_{i-2} - 5f_{i-1} + 5f_{i+1} - 4f_{i+2} + f_{i+3}\right) \\
f_i^{(6)} = \dfrac{1}{h^6}\begin{pmatrix} f_{i-3} - 6f_{i-2} + 15f_{i-1} - 20f_i + \\ +15f_{i+1} - 6f_{i+2} + f_{i+3} \end{pmatrix}
\end{cases} . \quad (14)
$$

В (14) производные f_i' и f_i'' имеют точность $O(h^6)$, f_i''' и $f_i^{(4)}$ – $O(h^4)$, $f_i^{(5)}$ и $f_i^{(6)}$ – $O(h^2)$.

Указанные выше погрешности для выведенных формул численного дифференцирования получены из остаточных членов разложений функций $f(x_i \pm kh)$ в ряд Тейлора при их подстановке в формулы (7), (8), (11), (14).

Аналогичным образом на равномерной сетке можно вывести формулы численного дифференцирования для вычисления производных любого порядка.

2. Интерполирование функции

Для вычисления значений функции между узлами равномерной сетки с шагом h будем разлагать ее в ряд Тейлора на частичном отрезке $[x_i\,, x_{i+1}]$ вправо в окрестности точки x_i и влево в окрестности точки x_{i+1} до середины этого отрезка, используя выведенные выше формулы для производных. Для непрерывной функции $f(x)$, заданной на расширенном отрезке $[a - nh/2\,, b + nh/2]$ и имеющей на отрезке $[a\,, b]$ непрерывные производные до n-го порядка включительно, указанное выше разложение в ряд Тейлора на частичном отрезке будет представлять собой также непрерывную функцию с непрерывными производными до n-го порядка включительно на этом отрезке. Поскольку разложение функции $f(x)$ в ряд Тейлора в окрестности каждой внутренней узловой точки производится влево и вправо, то ее суммарное разложение на всех частичных отрезках будет представлять собой непрерывную функцию с непрерывными производными до n-го порядка включительно на всем отрезке $[a\,,b]$.

<u>Разложение функции</u> $f(x)$ <u>вправо в окрестности точки</u> x_i

$$\left[\begin{array}{l} \underset{\rightarrow}{f}(x) = f_i + tf_i' + \dfrac{t^2}{2!} f_i'' + \ldots + \dfrac{t^n}{n!} f_i^{(n)}\,, \\ x = x_i + t\,, \quad t \in [0\,, h/2]\,, \quad i = 0\,,1\,,2\,,\ldots, N-1\,. \end{array}\right. \tag{15}$$

<u>Разложение функции</u> $f(x)$ <u>влево в окрестности точки</u> x_{i+1}

$$\left[\begin{array}{l} \underset{\leftarrow}{f}(x) = f_{i+1} - tf_{i+1}' + \dfrac{t^2}{2!} f_{i+1}'' - \ldots + \dfrac{t^n}{n!} f_{i+1}^{(n)}\,, \\ x = x_{i+1} - t\,, \quad t \in [0\,, h/2]\,, \quad i = 0\,,1\,,2\,,\ldots, N-1\,. \end{array}\right. \tag{16}$$

Оценим погрешность формул (15) и (16), разлагая функцию $f(x)$ в ряд Тейлора до $(n+1)$-й производной включительно.

$$\left[\begin{array}{l} \Delta_i = \left| f(x) - \underset{\rightarrow}{f}(x) \right| = \left| f(x) - \underset{\leftarrow}{f}(x) \right| = \\ = \dfrac{t^{n+1}}{(n+1)!} \left| f^{(n+1)}(\xi_i) \right|, \quad \xi_i = \xi_i(x) \in [x_i\,, x_{i+1/2}]\,. \end{array}\right. \tag{17}$$

Пусть $M_{n+1\,,i} = \max\limits_{x \in [x_i\,,\, x_{i+1/2}]} \left| f^{(n+1)}(x) \right|, \quad t = h/2$, тогда из (17) для погрешности на частичном отрезке $[x_i\,, x_{i+1}]$ получим оценку

$$\Delta_i \le \frac{M_{n+1\,,i}}{(n+1)!} \cdot \left(\frac{h}{2} \right)^{n+1} = \frac{M_{n+1\,,i}}{(n+1)!} \cdot \left(\frac{b-a}{2N} \right)^{n+1}, \tag{18}$$

где $i = 0\,,1\,,\ldots, N-1$.

Пусть $M_{n+1} = \max_{x\in[a\,,\,b]}\left|f^{(n+1)}(x)\right|$, тогда погрешность формул (15) и (16) на всем отрезке $[a\,,b]$ запишется в виде

$$\Delta \le \frac{M_{n+1}}{(n+1)!}\cdot\left(\frac{h}{2}\right)^{n+1} = \frac{M_{n+1}}{(n+1)!}\cdot\left(\frac{b-a}{2N}\right)^{n+1} . \qquad (19)$$

Оценка (19) показывает, что погрешность формул (15) и (16) на всем отрезке $[a\,,b]$ равна их максимальной погрешности на одном из частичных отрезков $[x_i\,,\,x_{i+1}]$.

Приведем для сравнения с нашей оценкой (19) оценки погрешностей интерполирования функции методами Лагранжа, Ньютона и локальным кубическим сплайном.

Методы Лагранжа и Ньютона [1, стр. 134]:

$$\Delta_{L\,,\,N} = \left|f(x) - P_{L\,,\,N}(x)\right| \le \frac{M_{m+1}}{(m+1)!}\cdot\frac{(b-a)^{m+1}}{2^{2m+1}} , \qquad (20)$$

где $M_{m+1} = \max_{x\in[a\,,\,b]}\left|f^{(m+1)}(x)\right|$, $(m+1)$ – количество узлов интерполирования.

Метод локального кубического сплайна [2, стр. 335]:

$$\Delta_S = \left|f(x) - S_3(x)\right| \le \frac{M_4 h^4}{384} , \qquad (21)$$

где $M_4 = \max_{x\in[a\,,\,b]}\left|f^{(4)}(x)\right|$, h – шаг равномерной сетки сплайна.

В оценке (20) метода Лагранжа или Ньютона $(m+1)$ – количество узлов интерполирования на отрезке $[a\,,b]$, а в нашей оценке (19) n – порядок наивысшей производной в разложении функции $f(x)$ в ряд Тейлора. Обычно интерполяционный многочлен Лагранжа или Ньютона строят с небольшим количеством узлов (не более 5–6) во избежание большого накопления ошибок округления. Тогда положим, что в выражениях оценок (19) и (20) $m \approx n$. В результате этого оценки (19) и (20) будут отличаться друг от друга множителями в знаменателях этих оценок: $(2N)^{n+1}$ в (19) и $4^{n+1/2}$ в (20). Поскольку $N > 2$, то $(2N)^{n+1} > 4^{n+1/2}$, откуда следует, что $\Delta < \Delta_{L\,,\,N}$, т.е. точность приближения к функции $f(x)$ по нашим формулам (15) и (16) выше, чем при интерполировании многочленами Лагранжа или Ньютона.

О методах интерполирования Лагранжа и Ньютона Самарский [1, стр. 140] пишет:

"Интерполирование многочленом Лагранжа или Ньютона на всем отрезке $[a\,,b]$ с использованием большого числа узлов интерполяции часто приводит к плохому приближению, что объясняется сильным накоплением погрешностей в процессе вычислений."

При интерполировании функции $f(x)$ локальным кубическим сплайном на каждом частичном отрезке $[x_i\,,x_{i+1}]$ используют многочлен 3-й степени. Тогда в наших формулах (15) и (16) возьмем $n=3$, чтобы функция $f(x)$ была представима также многочленом 3-й степени. В этом случае наша оценка (19) запишется в виде

$$\Delta \le \frac{M_4 h^4}{16\cdot 4!} = \frac{M_4 h^4}{384}\ , \qquad (22)$$

которая совпадает с оценкой (21) для локального кубического сплайна.

Для подтверждения теоретических выводов о лучшей интерполяции по нашим формулам (15) и (16), чем при использовании интерполяционных многочленов Лагранжа или Ньютона, и сравнимой погрешности наших формул (15) и (16) при $n=3$ и формулы локального кубического сплайна осуществим интерполяцию функции этими методами. Результаты вычислений приведены в таблице 1.

Расчетные данные и формулы

Интерполирование на отрезке $[0;3]$ с шагом $h=1$ для функции

$f(x)=\sqrt{x^4+5}\ ,\ \ x_i=0+ih=ih\,,\quad i=0\,,1\,,2\,,3\,,\quad N=3.$

Вычислим значения функции в точках

$x=x_i+t\,,\quad t=0{,}5\,;0{,}25\,,\quad i=0\,,1\,,2$ тремя методами.

Среднеарифметическая погрешность

$\overline{\Delta}=\dfrac{1}{N}\sum\limits_{i=0}^{N-1}\left|f_i(x)-\widetilde{f}_i(x)\right|,\quad N=3$, где $f_i(x)$ – точные значения функции в точках $x=x_i+t$, а $\widetilde{f}_i(x)$ – значения функции, вычисленные по интерполяционным формулам.

1. Наш метод, формулы (15) и (16).

$$\underset{\rightarrow}{f}(x)=f_i+tf_i'+\frac{t^2}{2}f_i''+\frac{t^3}{6}f_i''',\quad x=x_i+t\,,\quad i=0\,,1\,,2\,;$$

$$\underset{\leftarrow}{f}(x)=f_{i+1}-tf_{i+1}'+\frac{t^2}{2}f_{i+1}''-\frac{t^3}{6}f_{i+1}'''\,,\quad x=x_{i+1}-t\,,\quad i=0,1,2\,;$$

$$\underset{\leftrightarrow}{f}(x)=\left(\underset{\rightarrow}{f}(x)+\underset{\leftarrow}{f}(x)\right)\Big/2\,.$$

Для вычисления производных $f_i',\,f_i'',\,f_i'''\,(i=0\,,1\,,2\,,3)$ значения функции $f(x_i)=f_i$ вычисляем на расширенном отрезке $[-2;5]$, $x_i=ih\,,\quad i=-2\,,-1\,,0\,,1\,,2\,,3\,,4\,,5\,.$

Формулы для производных берем из (11):

$$f_i'=\frac{1}{12h}\left(f_{i-2}-8f_{i-1}+8f_{i+1}-f_{i+2}\right),$$

$$f_i''=\frac{1}{12h^2}\left(-f_{i-2}+16f_{i-1}-30f_i+16f_{i+1}-f_{i+2}\right),$$

$$f_i'''=\frac{1}{2h^3}\left(-f_{i-2}+2f_{i-1}-2f_{i+1}+f_{i+2}\right).$$

2. Метод локального кубического сплайна [3, стр.64].

$$S_3(x)=\frac{1}{h^3}(x_{i+1}-x)^2(2(x-x_i)+h)f_i+$$

$$+\frac{1}{h^3}(x-x_i)^2(2(x_{i+1}-x)+h)f_{i+1}+$$

$$+\frac{1}{h^2}(x_{i+1}-x)^2(x-x_i)m_i+\frac{1}{h^2}(x-x_i)^2(x-x_{i+1})m_{i+1}\,,$$

где $m_i=f_i'\,,\quad m_{i+1}=f_{i+1}'\,,\quad i=0\,,1\,,2\,.$

3. Метод Лагранжа (Ньютона).

Интерполяционный многочлен запишем в форме Лагранжа

$$L_3(x) =$$

$$\frac{(x-x_1)(x-x_2)(x-x_3)}{(x_0-x_1)(x_0-x_2)(x_0-x_3)} f_0 + \frac{(x-x_0)(x-x_2)(x-x_3)}{(x_1-x_0)(x_1-x_2)(x_1-x_3)} f_1 +$$

$$+ \frac{(x-x_0)(x-x_1)(x-x_3)}{(x_2-x_0)(x_2-x_1)(x_2-x_3)} f_2 + \frac{(x-x_0)(x-x_1)(x-x_2)}{(x_3-x_0)(x_3-x_1)(x_3-x_2)} f_3 .$$

Таблица 1

$x = x_i = i$				
i	–2	–1	4	5
f_i	4,5825757	2,4494897	16,1554944	25,0998008
i	0	1	2	3
f_i	2,2360679	2,4494897	4,5825757	9,2736185
f_i'	0	0,9956611	3,3894670	5,8277532
f_i''	0,1780400	1,9908749	2,6417415	2,1709397
f_i'''	0	1,0655567	0,1355845	–0,2477632
$x = x_i + 0{,}5 = x_{i+1} - 0{,}5 = i + 0{,}5$				
i	0	1	2	
$f(x)$	2,25	3,1721	6,6380	$\overline{\Delta}$
$\underset{\rightarrow}{f(x)}$	2,2583	3,2184	6,6104	0,0274
$\underset{\leftarrow}{f(x)}$	2,1783	3,2152	6,6363	0,0388
$\underset{\leftrightarrow}{f(x)}$	2,2183	3,2168	6,6233	0,0304
$S_3(x)$	2,2183	3,2168	6,6233	0,0304
$L_3(x)$	2,1427	3,2362	6,5685	0,0803
$x = x_i + 0{,}25 = i + 0{,}25$				
i	0	1	2	
$f(x)$	2,2369	2,7279	5,5343	$\overline{\Delta}$
$\underset{\rightarrow}{f(x)}$	2,2416	2,7634	5,5129	0,0205
$S_3(x)$	2,2539	2,7639	5,5190	0,0228
$L_3(x)$	2,1444	2,7779	5,4906	0,0621

Из таблицы 1 видно, что наш метод интерполяции по точности вычислений немного выше метода кубического сплайна и намного точнее метода Лагранжа (Ньютона).

Преимущества нашего метода очевидны:
– аппроксимирующая функция записывается в виде сходящегося ряда Тейлора с небольшим количеством членов;
– она непрерывна вместе со всеми своими производными до n-го порядка включительно на всем отрезке интерполирования;
– простота вычислительной схемы;
– точность приближения выше, чем в методах Лагранжа и кубического сплайна.

Многочлены Тейлора использовались для интерполирования и аппроксимации функции и раньше [3, стр. 30]:

“Для погрешности аппроксимации функции многочленом Тейлора характерно то, что она достаточно быстро убывает при приближении x к x_0 и резко возрастает у конца отрезка $[a, b]$, который наиболее удален от точки x_0.”

“Существенно неравномерная на отрезке $[a, b]$ точность аппроксимации функции f является недостатком многочлена Тейлора. Другой недостаток состоит в том, что для построения многочлена Тейлора требуется находить у функции f производные высоких порядков. Тем не менее многочлены Тейлора, в частности отрезки рядов Тейлора, тоже являющиеся многочленами Тейлора, широко используются на практике для аппроксимации функций, у которых достаточно просто вычисляются старшие производные, а остаточный член стремится к нулю при $n \to \infty$.”

Отмеченные в монографии [3] недостатки многочленов Тейлора при использовании нашего метода исчезают.

Во-первых, мы используем разложение функции $f(x)$ на частичном отрезке $[x_i, x_{i+1}]$ двумя рядами Тейлора: в окрестности точки x_i вправо на отрезке $[x_i, x_i + h/2]$ и в окрестности точки x_{i+1} влево на отрезке $[x_i + h/2, x_{i+1}]$. В результате этого погрешность аппроксимации функции на отрезке $[x_i, x_{i+1}]$ становится симметричной относительно его концов и существенно меньшей, что было показано в численном примере, таблица 1. На всем же отрезке $[a, b]$ функция $f(x)$ и все ее производные до n-го порядка включительно являются непрерывными. Такой способ представления аппроксимирующей функции является конкурентным методу кубического сплайна, сложность построения которого намного больше сложности разложения функции в два ряда Тейлора (15) и (16).

Во-вторых, производные любого порядка и необходимой точности вычисляются достаточно просто из решения системы уравнений (3) и (4). Поскольку в нашем методе представления аппроксимирующей функции используются производные до 3-го порядка, то нет необходимости решать систему уравнений (3) и (4). Необходимые производные вычисляются по уже готовым формулам численного дифференцирования (11) и (14). При необходимости точность формул численного дифференцирования для вычисления производных можно увеличить до нужной степени, решив указанную выше систему алгебраических уравнений соответствующего порядка.

3. Численное дифференцирование функции

Численное дифференцирование функции $f(x)$ обычно выполняют через дифференцирование аппроксимирующей функции $\tilde{f}(x)$, построенной соответствующими методами, т.е.

$$f^{(n)}(x) = \tilde{f}^{(n)}(x). \qquad (23)$$

Вычислим производные до 2-го порядка включительно от той же самой функции теми же тремя способами, что и при интерполировании функции в пункте 2. Результаты вычислений приведены в таблице 2.

Расчетные данные и формулы

Дифференцирование функции $f(x) = \sqrt{x^4 + 5}$ на отрезке $[0; 3]$ с шагом $h = 1$, $x_i = 0 + ih = ih$, $i = 0, 1, 2, 3$, $N = 3$.

Вычислим значения производных $f'(x)$, $f''(x)$ в точках $x = x_i + t$, $t = 0{,}5$, $i = 0, 1, 2$ тремя методами.

Точные значения производных:

$$f'(x) = \frac{2x^3}{\sqrt{x^4 + 5}}, \quad f''(x) = \frac{2x^2(x^4 + 15)}{(x^4 + 5)^{3/2}}.$$

Среднеарифметическая погрешность

$\overline{\Delta} = \dfrac{1}{N}\sum_{i=0}^{N-1}\left|f_i^{(m)}(x) - \widetilde{f}_i^{(m)}(x)\right|, \quad N = 3$, где $f_i^{(m)}(x)$ – точные значения производных в точках $x = x_i + t$, а $\widetilde{f}_i^{(m)}(x)$ – значения производных, вычисленные по формулам численного дифференцирования, $m = 1, 2$.

1. Наш метод.

По формулам (15) и (16) запишем аппроксимирующую функцию:

$$\underset{\rightarrow}{f}(x) = f_i + tf_i' + \frac{t^2}{2}f_i'' + \frac{t^3}{6}f_i''', \quad x = x_i + t, \quad i = 0, 1, 2;$$

$$\underset{\leftarrow}{f}(x) = f_{i+1} - tf_{i+1}' + \frac{t^2}{2}f_{i+1}'' - \frac{t^3}{6}f_{i+1}''', \quad x = x_{i+1} - t, \quad i = 0, 1, 2.$$

Откуда находим производные:

$$\underset{\rightarrow}{f'}(x) = f_i' + tf_i'' + \frac{t^2}{2}f_i''', \quad \underset{\rightarrow}{f''}(x) = f_i'' + tf_i''', \quad x = x_i + t;$$

$$\underset{\leftarrow}{f'}(x) = f_{i+1}' - tf_{i+1}'' + \frac{t^2}{2}f_{i+1}''', \ \underset{\leftarrow}{f''}(x) = f_{i+1}'' - tf_{i+1}''', \ x = x_{i+1} - t,$$

где $i = 0, 1, 2$.

При дифференцировании функции $\underset{\leftarrow}{f}(x)$ от некоторой точки влево знак вычисленной производной нечетного порядка меняем на противоположный. Поэтому знаки в $\underset{\leftarrow}{f}(x)$ и $\underset{\leftarrow}{f'}(x)$ перед производными одного порядка противоположные.

$$\underset{\leftrightarrow}{f^{(m)}}(x) = \left(\underset{\rightarrow}{f^{(m)}}(x) + \underset{\leftarrow}{f^{(m)}}(x)\right)\Big/2.$$

Для вычисления производных $f_i', f_i'', f_i'''\,(i = 0, 1, 2, 3)$ в узлах сетки значения функции $f(x_i) = f_i$ вычисляем на расширенном отрезке $[-2; 5]$, $x_i = ih, \quad i = -2, -1, 0, 1, 2, 3, 4, 5$.

Формулы для производных берем из (11):

$$f_i' = \frac{1}{12h}\left(f_{i-2} - 8f_{i-1} + 8f_{i+1} - f_{i+2}\right),$$

$$f_i'' = \frac{1}{12h^2}\left(-f_{i-2} + 16f_{i-1} - 30f_i + 16f_{i+1} - f_{i+2}\right),$$

$$f_i''' = \frac{1}{2h^3}\left(-f_{i-2} + 2f_{i-1} - 2f_{i+1} + f_{i+2}\right).$$

2. Метод локального кубического сплайна [3, стр.64].

Функция $f(x)$ аппроксимируется локальным кубическим сплайном

$$S_3(x) = \frac{1}{h^3}(x_{i+1} - x)^2(2(x - x_i) + h)f_i +$$

$$+ \frac{1}{h^3}(x - x_i)^2(2(x_{i+1} - x) + h)f_{i+1} +$$

$$+ \frac{1}{h^2}(x_{i+1} - x)^2(x - x_i)m_i + \frac{1}{h^2}(x - x_i)^2(x - x_{i+1})m_{i+1},$$

где $m_i = f_i', \quad m_{i+1} = f_{i+1}', \quad i = 0, 1, 2.$

Его производные равны:

$$S_3'(x) = \frac{2}{h^3}(x_{i+1} - x)(2x_i + x_{i+1} - 3x - h)f_i +$$

$$+ \frac{2}{h^3}(x - x_i)(x_i + 2x_{i+1} - 3x + h)f_{i+1} +$$

$$+ \frac{1}{h^2}(x_{i+1} - x)(2x_i + x_{i+1} - 3x)f_i' +$$

$$+ \frac{1}{h^2}(x - x_i)(3x - x_i - 2x_{i+1})f_{i+1}',$$

$$S_3''(x) = \frac{2}{h^3}(6x - 2x_i - 4x_{i+1} + h)f_i +$$

$$+ \frac{2}{h^3}(4x_i + 2x_{i+1} - 6x + h)f_{i+1} +$$

$$+ \frac{1}{h^2}(6x - 2x_i - 4x_{i+1})f_i' + \frac{1}{h^2}(6x - 4x_i - 2x_{i+1})f_{i+1}',$$

где $i = 0, 1, 2.$

3. Метод Лагранжа (Ньютона).

Интерполяционный многочлен запишем в форме Лагранжа

$$L_3(x) = \frac{(x-x_1)(x-x_2)(x-x_3)}{(x_0-x_1)(x_0-x_2)(x_0-x_3)} f_0 +$$

$$+\frac{(x-x_0)(x-x_2)(x-x_3)}{(x_1-x_0)(x_1-x_2)(x_1-x_3)} f_1 +$$

$$+\frac{(x-x_0)(x-x_1)(x-x_3)}{(x_2-x_0)(x_2-x_1)(x_2-x_3)} f_2 +$$

$$+\frac{(x-x_0)(x-x_1)(x-x_2)}{(x_3-x_0)(x_3-x_1)(x_3-x_2)} f_3 .$$

Используя значения функции f_i в узловых точках из таблицы 2 и значения $x_i = i$, $i = 0, 1, 2, 3$, интерполяционный многочлен Лагранжа запишем в виде

$$L_3(x) = -0{,}372678(x-1)(x-2)(x-3) +$$

$$+1{,}224745x(x-2)(x-3) - 2{,}291288x(x-1)(x-3) +$$

$$+1{,}545603x(x-1)(x-2) =$$

$$= 0{,}106382x^3 + 0{,}640686x^2 - 0{,}533646x + 2{,}236068 .$$

Его производные равны:

$$L_3'(x) = 0{,}319146x^2 + 1{,}281372x - 0{,}533646 ,$$

$$L_3''(x) = 0{,}638292x + 1{,}281372 .$$

Таблица 2

$x = x_i = i$				
i	–2	–1	4	5
f_i	4,5825757	2,4494897	16,1554944	25,0998008
i	0	1	2	3
f_i	2,2360679	2,4494897	4,5825757	9,2736185
f_i'	0	0,9956611	3,3894670	5,8277532
f_i''	0,1780400	1,9908749	2,6417415	2,1709397
f_i'''	0	1,0655567	0,1355845	–0,2477632
$x = x_i + 0{,}5 = x_{i+1} - 0{,}5 = i + 0{,}5$				

i	0	1	2	
$f'(x)$	0,1111	2,1279	4,7078	$\overline{\Delta}$
$\underset{\rightarrow}{f'(x)}$	0,0890	2,1243	4,7273	0,0151
$\underset{\leftarrow}{f'(x)}$	0,1334	2,0855	4,7113	0,0227
$\underset{\leftrightarrow}{f'(x)}$	0,1112	2,1049	4,7193	0,0115
$S_3'(x)$	0,0712	2,1033	4,7323	0,0297
$L_3'(x)$	0,1868	2,1065	4,6644	0,0468
$f''(x)$	0,6612	2,8284	2,3105	$\overline{\Delta}$
$\underset{\rightarrow}{f''(x)}$	0,1780	2,5237	2,7095	0,3956
$\underset{\leftarrow}{f''(x)}$	1,4581	2,5739	2,2948	0,3557
$\underset{\leftrightarrow}{f''(x)}$	0,8181	2,5488	2,5022	0,2094
$S_3''(x)$	0,9957	2,3938	2,4383	0,2990
$L_3''(x)$	1,6005	2,2388	2,8771	0,6985

Из таблицы 2 следует, что точность вычисления производных на рассмотренном примере нашим методом выше, чем их вычисление методами Лагранжа и кубического сплайна.

4. Численное интегрирование определенного интеграла

Одной из простейших формул численного интегрирования является формула Симпсона

$$\int_a^b f(x)dx \approx \frac{b-a}{6N}\begin{bmatrix} f_0 + f_{2N} + 2(f_2 + f_4 + \ldots + f_{2N-2}) + \\ + 4(f_1 + f_3 + \ldots + f_{2N-1}) \end{bmatrix} \quad (24)$$

с оценкой погрешности

$$\Delta \le \frac{h^4(b-a)}{2880} M_4\,, \quad M_4 = \max_{x\in[a\,,\,b]} \left| f^{(4)}(x) \right|, \quad (25)$$

где $h = (b-a)/N$ – шаг равномерной сетки.

Выведем формулы для численного интегрирования определенных интегралов, используя первоначально изменение переменной x на частичном отрезке от x_i до x_{i+1}, а затем от x_i до $x_i + h/2$ для функции $\underset{\rightarrow}{f}(x)$ (15) и от $x_i + h/2$ до x_{i+1} для функции $\underset{\leftarrow}{f}(x)$ (16).

Аппроксимирующую функцию $f(x)$ в окрестности точки x_i будем записывать в виде отрезка ряда Тейлора, содержащего все производные до n-го порядка включительно.

$\underline{n=2}$.

$$f(x) = f_i + f_i'(x - x_i) + \frac{1}{2} f_i''(x - x_i)^2. \qquad (26)$$

Интеграл от функции (26) на частичном отрезке $[x_i\,,\,x_{i+1}]$ равен

$$I_i = \int_{x_i}^{x_{i+1}} f(x)dx = hf_i + \frac{h^2}{2} f_i' + \frac{h^3}{6} f_i''. \qquad (27)$$

Подставив в (27) производные из (7) и (8), получим

$$I_i = \frac{h}{12}(-f_{i-1} + 8f_i + 5f_{i+1}). \qquad (28)$$

Интеграл на всем отрезке $[a\,,\,b]$ равен

$$I = \sum_{i=0}^{N-1} I_i = \frac{h}{12} \sum_{i=0}^{N-1} (-f_{i-1} + 8f_i + 5f_{i+1}) =$$

$$= \frac{h}{12}[-f_{-1} + 7f_0 + 12(f_1 + f_2 + \ldots + f_{N-2}) + 13f_{N-1} + 5f_N]. \qquad (29)$$

Погрешность формулы (28) на частичном отрезке $[x_i\,,\,x_{i+1}]$:

$$\Delta_i = \int_{x_i}^{x_{i+1}} f(x)dx - I_i = \int_{x_i}^{x_{i+1}} \frac{1}{6} f'''(\xi_i)(x - x_i)^3 dx, \qquad (30)$$

где $\xi_i = \xi_i(x) \in [x_i\,,\,x_{i+1}]$, функцию $f(x)$ разложили в ряд Тейлора до производной 3-го порядка включительно. Пусть $M_{3,i} = \max\limits_{x \in [x_i\,,\,x_{i+1}]} \left| f'''(x) \right|$, тогда из (30) получим

$$\Delta_i \le \frac{M_{3,i}}{6} \int_{x_i}^{x_{i+1}} (x - x_i)^3 dx = \frac{h^4}{24} M_{3,i}. \qquad (31)$$

Погрешность для составной формулы (29) равна $\Delta = \sum_{i=1}^{N} \Delta_i$. Пусть

$M_3 = \max_{x \in [a\,,\,b]} \left| f'''(x) \right|$, тогда из (31) получим оценку

$$\Delta \le \frac{h^4}{24} M_3 N = \frac{h^3 (b-a)}{24} M_3 \,, \qquad (32)$$

следовательно точность формулы (29) равна $O(h^3)$.

$\underline{n=4}$.

$$f(x) = f_i + (x - x_i) f_i' + \frac{(x - x_i)^2}{2} f_i'' + \\ + \frac{(x - x_i)^3}{6} f_i''' + \frac{(x - x_i)^4}{24} f_i^{(4)} \,. \qquad (33)$$

Интеграл от функции (33) на частичном отрезке $[x_i\,,\,x_{i+1}]$ равен

$$I_i = \int_{x_i}^{x_{i+1}} f(x) dx = \\ = \frac{h}{720} (11 f_{i-2} - 74 f_{i-1} + 456 f_i + 346 f_{i+1} - 19 f_{i+2}) \,, \qquad (34)$$

где в функцию (33) были подставлены производные из формул (11). На всем отрезке $[a\,,\,b]$ составная формула имеет вид

$$I = \sum_{i=0}^{N-1} I_i = \\ = \frac{h}{720} \sum_{i=0}^{N-1} (11 f_{i-2} - 74 f_{i-1} + 456 f_i + 346 f_{i+1} - 19 f_{i+2}) \,.$$

Откуда после суммирования по всем частичным отрезкам получим

$$I = \frac{h}{720} \begin{bmatrix} 11 f_{-2} - 63 f_{-1} + 393 f_0 + 739 f_1 + \\ + 720 (f_2 + f_3 + \ldots + f_{N-3}) + 709 f_{N-2} + \\ 783 f_{N-1} + 327 f_N - 19 f_{N+1} \end{bmatrix} . \qquad (35)$$

Погрешность для квадратурной формулы (34) на частичном отрезке:

$$\Delta_i \le \frac{h^6}{720} M_{5\,,\,i} \,, \quad M_{5\,,\,i} = \max_{x \in [x_i\,,\,x_{i+1}]} \left| f^{(5)}(x) \right| . \qquad (36)$$

Погрешность для составной формулы (35) на всем отрезке $[a\,,b]$ оценится в виде

$$\Delta \le \frac{h^5(b-a)}{720}M_5\,,\quad M_5 = \max_{x\in[a\,,b]}\left|f^{(5)}(x)\right|. \qquad (37)$$

Сравнивая эту оценку с погрешностью (25) для формулы Симпсона, замечаем, что формула (35) точнее формулы Симпсона (24).

Более точные формулы получим при разложении функции $f(x)$ в ряд Тейлора до производных более высокого порядка.

Другой способ получения квадратурных формул более высокой точности при тех же самых значениях наивысшей производной в разложении Тейлора состоит в использовании аппроксимирующих функций (15) и (16).

$\underline{n=2}$.

$$\underset{\rightarrow}{f}(t) = f_i + tf_i' + \frac{t^2}{2}f_i''\,,\quad x = x_i + t\,, \qquad (38)$$
$$i = 0\,,1\,,2\,,...,\,N-1\,,\quad t\in[0\,,h/2]\,;$$

$$\underset{\leftarrow}{f}(t) = f_{i+1} - tf_{i+1}' + \frac{t^2}{2}f_{i+1}''\,,\quad x = x_{i+1} - t\,, \qquad (39)$$
$$i = 0\,,1\,,2\,,...,\,N-1\,,\quad t\in[0\,,h/2]\,.$$

Интеграл от функций (38) и (39) на отрезке $[x_i\,,x_{i+1}]$ равен

$$I_i = \int_0^t \underset{\rightarrow}{f}(t)dt + \int_0^t \underset{\leftarrow}{f}(t)dt = \int_0^t\left(f_i + tf_i' + \frac{t^2}{2}f_i''\right)dt +$$
$$+\int_0^t\left(f_{i+1} - tf_{i+1}' + \frac{t^2}{2}f_{i+1}''\right)dt = \qquad (40)$$
$$= \frac{h}{24}(-f_{i-1} + 13f_i + 13f_{i+1} - f_{i+2})\,,$$

где в функции $\underset{\rightarrow}{f}(t)$ и $\underset{\leftarrow}{f}(t)$ подставлены производные из (7) и (8).

Составная формула для всего отрезка $[a\,,b]$ примет вид

$$I = \sum_{i=0}^{N-1} I_i = \frac{h}{24} \sum_{i=0}^{N-1} (-f_{i-1} + 13 f_i + 13 f_{i+1} - f_{i+2}) =$$
$$= \frac{h}{24} \begin{bmatrix} -(f_{-1} + f_{N+1}) + 12(f_0 + f_N) + \\ + 25(f_1 + f_{N-1}) + 24(f_2 + f_3 + ... + f_{N-2}) \end{bmatrix}. \quad (41)$$

Погрешность формулы (40) на частичном отрезке равна

$$\Delta_i = \int_0^t \underset{\rightarrow}{f}(t) dt - \underset{\rightarrow}{I_i} + \int_0^t \underset{\leftarrow}{f}(t) dt - \underset{\leftarrow}{I_{i+1}} =$$
$$= \int_0^t \frac{t^4}{24} f^{(4)}(\xi_i) dt + \int_0^t \frac{t^4}{24} f^{(4)}(\xi_{i+1}) dt = \quad (42)$$
$$= \frac{1}{12} \int_0^t f^{(4)}(\xi_i) t^4 dt .$$

Функции $\underset{\rightarrow}{f}(t)$ и $\underset{\leftarrow}{f}(t)$ в (42) были разложены в ряды Тейлора до производных 4-го порядка включительно. Так как перед производными 3-го порядка в разложениях этих функций стоят противоположные знаки, то при сложении соответствующих частичных интегралов полагаем, что $\left| f_i''' - f_{i+1}''' \right| << \left| f^{(4)}(\xi_i) \right|$.

В (42) $\xi_i = \xi_i(t) \in [0\,, h/2]$. Пусть $M_{4\,,\,i} = \max\limits_{t \in [0\,,\, h/2]} \left| f^{(4)}(t) \right|$, тогда

$$\Delta_i \le \frac{M_{4\,,\,i}}{12} \cdot \frac{t^5}{5} = \frac{M_{4\,,\,i}}{60} \cdot \left(\frac{h}{2} \right)^5 = \frac{h^5}{1920} M_{4\,,\,i} \,. \quad (43)$$

Пусть $M_4 = \max\limits_{i=0\,,\,N-1} M_{4\,,\,i}$, тогда погрешность $\Delta = \sum\limits_{i=1}^{N} \Delta_i$ для составной формулы (41) примет вид

$$\Delta \le \frac{h^5}{1920} M_4 N = \frac{h^4 (b-a)}{1920} M_4 \,. \quad (44)$$

Оценка (44) сопоставима с оценкой (25) для формулы Симпсона.

Использование интегрирования аппроксимирующей функции на частичном отрезке от его левого конца до середины и от правого до середины значительно увеличивает точность вычисления интеграла по сравнению с интегрированием по всему частичному отрезку от его левого конца до правого непрерывным образом. Этим подходам соответствуют оценки погрешностей (44) и (32) квадратурных формул при одинаковом значении $n=2$ порядка наивысших производных в разложениях аппроксимирующих функций в ряды Тейлора.

$\underline{n=4}$.

$$\underset{\rightarrow}{f}(t)=f_i+tf_i'+\frac{t^2}{2}f_i''+\frac{t^3}{6}f_i'''+\frac{t^4}{24}f_i^{(4)}, \qquad (45)$$
$$x=x_i+t, \quad i=0,1,2,\dots,N-1, \quad t\in[0,h/2];$$

$$\underset{\leftarrow}{f}(t)=f_{i+1}-tf_{i+1}'+\frac{t^2}{2}f_{i+1}''-\frac{t^3}{6}f_{i+1}'''+\frac{t^4}{24}f_{i+1}^{(4)}, \qquad (46)$$
$$x=x_{i+1}-t, \quad i=0,1,2,\dots,N-1, \quad t\in[0,h/2].$$

Интеграл от функций (45) и (46) на отрезке $[x_i\,,x_{i+1}]$ равен

$$I_i=\int_0^t \underset{\rightarrow}{f}(t)dt+\int_0^t \underset{\leftarrow}{f}(t)dt=$$
$$=\int_0^t\left(f_i+tf_i'+\frac{t^2}{2}f_i''+\frac{t^3}{6}f_i'''+\frac{t^4}{24}f_i^{(4)}\right)dt+$$
$$+\int_0^t\left(f_{i+1}-tf_{i+1}'+\frac{t^2}{2}f_{i+1}''-\frac{t^3}{6}f_{i+1}'''+\frac{t^4}{24}f_{i+1}^{(4)}\right)dt.$$

После интегрирования получим

$$I_i=\frac{h}{1440}(11f_{i-2}-93f_{i-1}+802f_i+802f_{i+1}-93f_{i+2}+11f_{i+3}). \qquad (47)$$

Составная формула для всего отрезка $[a\,,b]$ примет вид

$$I=\sum_{i=0}^{N-1}I_i=\frac{h}{1440}\sum_{i=0}^{N-1}\begin{pmatrix}11f_{i-2}-93f_{i-1}+802f_i+\\+802f_{i+1}-93f_{i+2}+11f_{i+3}\end{pmatrix}=$$
$$=\frac{h}{1440}\begin{bmatrix}11(f_{-2}+f_{N+2})-82(f_{-1}+f_{N+1})+\\+720(f_0+f_N)+1522(f_1+f_{N-1})+\\+1429(f_2+f_{N-2})+1440(f_3+f_4+\dots+f_{N-3})\end{bmatrix}. \qquad (48)$$

Погрешность формулы (47) на частичном отрезке равна

$$\Delta_i = \int\limits_0^t \underset{\rightarrow}{f}(t)dt - \underset{\rightarrow}{I_i} + \int\limits_0^t \underset{\leftarrow}{f}(t)dt - \underset{\leftarrow}{I_{i+1}} =$$

$$= \int\limits_0^t \frac{t^6}{720} f^{(6)}(\xi_i)dt + \int\limits_0^t \frac{t^6}{720} f^{(6)}(\xi_{i+1})dt = \quad (49)$$

$$= \frac{1}{360}\int\limits_0^t f^{(6)}(\xi_i)t^6 dt .$$

Функции $\underset{\rightarrow}{f}(t)$ и $\underset{\leftarrow}{f}(t)$ в (49) были разложены в ряды Тейлора до производных 6-го порядка включительно. Так как перед производными 5-го порядка в разложениях этих функций стоят противоположные знаки, то при сложении соответствующих частичных интегралов полагаем, что $\left|f_i^{(5)} - f_{i+1}^{(5)}\right| << \left|f^{(6)}(\xi_i)\right|$.

В (49) $\xi_i = \xi_i(t) \in [0\,, h/2]$. Пусть $M_{6\,,\,i} = \max\limits_{t\in[0\,,\,h/2]}\left|f^{(6)}(t)\right|$, тогда

$$\Delta_i \le \frac{M_{6\,,\,i}}{360}\cdot\frac{t^7}{7} = \frac{M_{6\,,\,i}}{2520}\cdot\left(\frac{h}{2}\right)^7 = \frac{h^7}{322560}M_{6\,,\,i} . \quad (50)$$

Пусть $M_6 = \max\limits_{i=0\,,\,N-1} M_{6\,,\,i}$, тогда погрешность $\Delta = \sum\limits_{i=1}^{N}\Delta_i$ для составной формулы (48) примет вид

$$\Delta \le \frac{h^7}{322560}M_6 N = \frac{h^6(b-a)}{322560}M_6 . \quad (51)$$

Квадратурная формула (48) точнее квадратурной формулы (35), погрешности которых выражаются оценками (37) и (51) соответственно.

Для подтверждения точности полученных квадратурных формул (29), (35), (41), (48) и их сравнение с формулой Симпсона (24) вычислим интеграл

$$I = \int\limits_{-1}^{9}\sqrt{x^2+3}\,dx =$$

$$= \left(\frac{x}{2}\sqrt{x^2+3} + \frac{3}{2}\ln\left|x+\sqrt{x^2+3}\right|\right)\Bigg|_{-1}^{9} = 46{,}592438754 \quad (52)$$

на равномерной сетке с шагом $h = 1$, $N = \frac{9-(-1)}{1} = 10$.

<u>Расчетные данные</u>

$$x_i = a + i\frac{b-a}{N} = -1 + i\frac{9-(-1)}{10} = -1 + i,$$

$$i = -2, -1, 0, 1, ..., 10, 11, 12.$$

Исходные данные для вычисления интеграла (52) в таблице 3.

Таблица 3

i	x_i	f_i
–2	–3	3,464101615
–1	–2	2,645751311
0	–1	2
1	0	1,732050808
2	1	2
3	2	2,645751311
4	3	3,464101615
5	4	4,358898944
6	5	5,291502622
7	6	6,244997998
8	7	7,211102551
9	8	8,185352772
10	9	9,165151390
11	10	10,148891565
12	11	11,135528726

Погрешность вычисления интеграла $\Delta = \left| I - \tilde{I} \right|$, где $I = 46{,}592438754$ – точное его значение, $\tilde{I}$ – значение интеграла, вычисленное по квадратурным формулам.

Результаты вычисления интеграла (52) записаны в таблице 4.

Таблица 4

Формула	Значение $\tilde{I}$	Погрешность Δ
(24), Симпсон	46,58772	0,00472
(29), $n = 2$	46,58087	0,01157
(35), $n = 4$	46,59329	0,00085
(41), $n = 2$	46,59645	0,00401
(48), $n = 4$	46,59365	0,00121

Из таблицы 4 видно, что точность вычисления рассмотренного интеграла по нашим формулам (35) и (48) выше, чем по формуле

Симпсона (24), в 5,6 и 3,9 раза соответственно. Наша формула (41) по точности вычисления сравнима с формулой Симпсона.

Запишем для сравнения формулу Симпсона и наши квадратурные формулы с оценками их точности.

Формула Симпсона (24).

$$\int_a^b f(x)dx \approx \frac{b-a}{6N}\begin{bmatrix} f_0 + f_{2N} + 2(f_2 + f_4 + \ldots + f_{2N-2}) + \\ + 4(f_1 + f_3 + \ldots + f_{2N-1}) \end{bmatrix},$$

$$\Delta \le \frac{h^4(b-a)}{2880}M_4\,, \quad M_4 = \max_{x\in[a\,,\,b]}\left|f^{(4)}(x)\right|.$$

Наши формулы.

Формула (29), $n = 2$.

$$I = \frac{h}{12}[-f_{-1} + 7f_0 + 12(f_1 + f_2 + \ldots + f_{N-2}) + 13f_{N-1} + 5f_N],$$

$$\Delta \le \frac{h^3(b-a)}{24}M_3\,, \quad M_3 = \max_{x\in[a\,,\,b]}\left|f'''(x)\right|.$$

Формула (35), $n = 4$.

$$I = \frac{h}{720}\begin{bmatrix} 11f_{-2} - 63f_{-1} + 393f_0 + 739f_1 + \\ + 720(f_2 + f_3 + \ldots + f_{N-3}) + 709f_{N-2} + \\ 783f_{N-1} + 327f_N - 19f_{N+1} \end{bmatrix},$$

$$\Delta \le \frac{h^5(b-a)}{720}M_5\,, \quad M_5 = \max_{x\in[a\,,\,b]}\left|f^{(5)}(x)\right|.$$

Формула (41), $n = 2$.

$$I = \frac{h}{24}\begin{bmatrix} -(f_{-1} + f_{N+1}) + 12(f_0 + f_N) + \\ + 25(f_1 + f_{N-1}) + 24(f_2 + f_3 + \ldots + f_{N-2}) \end{bmatrix},$$

$$\Delta \le \frac{h^4(b-a)}{1920}M_4\,, \; M_4 = \max_{i=0\,,\,N-1} M_{4\,,\,i}\,, \; M_{4\,,\,i} = \max_{t\in[0\,,\,h/2]}\left|f^{(4)}(t)\right|.$$

Формула (48), $n = 4$.

$$I = \frac{h}{1440}\begin{bmatrix} 11(f_{-2} + f_{N+2}) - 82(f_{-1} + f_{N+1}) + \\ + 720(f_0 + f_N) + 1522(f_1 + f_{N-1}) + \\ + 1429(f_2 + f_{N-2}) + 1440(f_3 + f_4 + \ldots + f_{N-3}) \end{bmatrix},$$

$$\Delta \le \frac{h^6(b-a)}{322560} M_6\ ,\ \ M_6 = \max_{i=0\,,\,N-1} M_{6\,,\,i}\ ,\ \ M_{6\,,\,i} = \max_{t\in[0\,,\,h/2]} \left| f^{(6)}(t) \right|.$$

Литература

1. Самарский А.А., Гулин А.В. Численные методы. – М.: Наука, 1989.
2. Амосов А.А., Дубинский Ю.А., Копченова Н.В. Вычислительные методы для инженеров. – М.: Высшая школа, 1994.
3. Волков Е.А. Численные методы. – М.: Наука, 1987.

Серия: **СОЦИОЛОГИЯ**

Попов В.П., Крайнюченко И.В.

Виртуальная жизнь в нейронных сетях социума

Человек - капля воды, которая осознаёт, что является частичкой океана (суфизм). Учёные, мыслители, философы, мистики и пророки смутно, интуитивно ощущали нечто великое, неосознанное, которое таится в человеке, в связи с чем, возникло очень неконкретное понятие «личность» [1], характеристики которого приводятся ниже.

Личность выражает себя тысячами способов (Келли). Личность («Я») есть набор поведенческих шаблонов (Скиннер). Личность – это динамическая организация психофизических систем внутри индивидуума. Социальное «Я» – это набор масок соответствующих окружению [1]. Каждый характер состоит из врождённых и наведённых установок (В. Райх). Мыслительные привычки и установки, навыки, восприятия эмоциональной жизни наследуются людьми от прошлых поколений без ясного осознания (Февр). Подсознательные паттерны образуются из опыта этой и прошлой жизни (Иога). Стремление приспосабливаться к среде и самоактуализация являются главными мотивами поведения личности (Олпорт) [1]. Это явление называют коллективным бессознательным или социальным бессознательным (Э. Фромм), а также коллективной психикой народа (ментальность) (Жак Ле Гофф).

Взаимосвязь параметров личности и окружающей среды отмечалась многими психологами. Поведение личности обусловливается жизненным пространством. В первой половине XX века роль неосознанного в действиях людей изучал К. Юнг [2]. Существование системы установок и реакций, незаметно определяющих жизнь человека, Юнг назвал архетипами. «Архетипы принадлежат строю души, свойственному не отдельной личности, а человечеству вообще. В отличие от личной души в них заключено содержание и способы поведения, которые присутствуют везде и во всех людях. Архетипы являются некоторой частью коллективного бессознательного. Коллективное бессознательное является общим для всех людей, образует всеобщее основание душевной жизни каждого, будучи по природе сверхличным». Юнг считал, что архетип является итогом огромного опыта бесчисленного ряда предков.

Человеческий социум изучают с позиций разных наук, каждая из которых позволяет увидеть то, что незаметно другим. Иногда отказ от общепринятой аксиоматики, сужающей поле зрения исследователя, позволяет выйти из границ общепринятых парадигм, перебросить мостики между смежными научными дисциплинами.

В настоящей работе мы пытаемся осмыслить понятия «личность», «самоактуализация» и «архетип» с позиций системного мировоззрения. Научные основы наших исследований изложены в монографиях, опубликованных на нашем сайте (holism. narod. ru) [3]. Главным объектом наших исследований является информационная сущность человека, т.к. понятия «разум», «интеллект», «сознание», исходят из представлений об информации.

Отправными пунктами настоящей статьи являются: «Общая теория систем», «Принцип глобального эволюционизма», представления о триединстве Вещества, Энергии, Информации (ВЭИ), «Единая теория информации, времени и пространства», закон накопления информации в системной памяти живых и неживых организаций [4, 5].

Информация не может существовать без своего материального носителя. Материальной основой информация является система неоднородностей субстрата [4]. Письменность, например, исполняется на бумаге. Известны магнитные, оптические носители информации. Одним из наиболее сложных носителей информации являются нейронные сети (клетки, мозг, нервы). Нейроны не только хранят, но и перерабатывают информацию. Память – это информация, «зашитая» в структуре вещества.

Психика человека способна вести сознательный и подсознательный диалог с живой и неживой природой, обмениваясь потоками информации, транслирующими индивиду знания, законы природы, инженерные решения, программы поведения (обычаи, традиции, культуру, менталитет и пр.).

Окружающей средой можно считать социум, биосферу и Вселенную. Люди контактируют также с животными, сопереживают с ними, отражаются в их мозгах. Например, пчёлы запоминают и узнают своих хозяев. В настоящей короткой статье мы ограничимся исследованием только человеческой социальной среды, которую будем рассматривать как сложную информационную систему. Эта точка зрения позволит нам увидеть нечто необычное и незаметное для других наук.

Понятие «индивидуум» не следует понимать как изолированность человека от социума. Человек включён в многочисленные социальные взаимодействия. Индивид адресует социальной системе потоки вещества, энергии, информации (ВЭИ потоки) и получает обратные ВЭИ потоки из окружения [3]. Потоки вещества в социуме образуют экономическую систему, но нас будут интересовать только каналы связей, по которым циркулирует социальная информация. Следует различать генетические и социальные каналы связей (Р. Кэттел). Назначение их схожее, т.к. они определяют программы поведения людей.

Связи могут быть прямыми и косвенными. Прямая связь осуществляется физическими способами (звук, электромагнитные волны, осязание, возможна телепатия) Наряду с биологическими средствами передачи информации человечество использует технические средства связи (радио, телефон, интернет и др.). Дальняя трансперсональная связь в пространстве и во времени осуществляется эстафетой от человека к человеку, от оператора к оператору. Так как в системе все элементы через связи образуют целостность, человечество на сознательном и подсознательном уровне подобно интернету связано в единую информационную сеть Технические средства нивелируют зависимость качества связи от расстояния между индивидами. В XX веке каждый индивид имеет больше связей с социумом, чем его предки. Количество и скорость передачи информации выросла на порядки.

Важно отметить, что психические процессы не ограничиваются пространством индивидуума, а благодаря связям, как волны затухая, распространяются на весь социум. С другой стороны, каждый индивид вынужден воспринимать практически всю социальную информацию. Чтобы разобраться в этом информационном шуме, индивид вынужден отфильтровывать ненужную информацию. В этом и заключается взаимодействие.

Структура информационной сети в ходе эволюции социума неимоверно усложняется. Взаимодействия элементов сети лишь в некоторой степени подвержены управлению. Преобладает стохастическая самоорганизация, порождающая менталитет, культуру, религию, науку, в том числе, и архетипы поведения. В настоящей статье мы не ставили задачу описать структуру информационных сетей социума. Эта задача вряд ли по силам социологам. Необходимы математические и кибернетические модели, имитационное моделирование и многое другое. Тем не менее, простое концептуальное описание может принести значимые плоды.

В наших работах [holism. narod. ru] сформулированы инвариантные законы развития живой и неживой природы. И в данном случае можно показать, что нейронная сеть мозга и информационная сеть социума в своей деятельности имеют аналогии.

Каждый индивид содержит систему из миллиардов нейронов. Нейроны имеют тысячи связей. Развитие мозга и гибель отдельных нейронов мозга сопровождается ростом количества межнейронных связей. В мозге нет чётко локализованного блока памяти. Весь нейронный комплекс каким – то образом участвует в сохранении информации. Работают не отдельные нейроны, а их комплексы.

Социум также представлен миллиардами нейронных узлов (индивидов), связанных в единую планетарную сеть. Каждый индивид отображает, моделирует своё окружение, познаёт, обучается, адаптируется, содержит в своей голове виртуальную Вселенную. Передачу информации между индивидами принято называть коммуникациями. Человечество постоянно расширяет сеть коммуникаций, повышает скорость передачи информации, создаёт новые носители информации, увеличивает адресность, длину и гибкость системных связей. Память социума также распределена (не пропорционально) среди человеческих индивидов.

Таким образом, просматриваются инварианты функционирования нейронных сетей разного уровня сложности. Это позволяет, расширяя аналогию, показать, что социальные психические процессы протекают не в индивидуумах, а в коллективах индивидуумов.

Социум познаёт и себя, и биогеосферное окружение. Моделирование действительности никогда не сосредоточено в единственном индивидууме. Модель (упрощённый образ реальности) распределена в системе познающих субъектов. Достаточно провести социологический опрос для выяснения общественного мнения, чтобы убедиться в этом. Каждый субъект будет дополнять картину (модель) какими – либо новыми деталями. Наибольшей полнотой знаний (и заблуждений) обладает коллектив. Даже если одиночка занимается каким – либо исследованием, то он использует обширные знания своих современников и предшественников. Впоследствии знания индивидуума неизбежно диффундируют в социум, отражаются в других индивидуумах, дополняются (или искажаются).

Благодаря существованию системной памяти мы аккумулируем знания предков, идёт развитие науки, культуры. Смерть первоисточника не уничтожает социальную память. «Рукописи не горят» потому, что многократно отражены в социальной памяти. Аналогично уничтожение части голограммы (материального носителя), наносит незначительный ущерб целостной картине.

Программы, возникшие в прошлом, продолжают работать в настоящем, следовательно, между прошлым и настоящим существует связь. Назовём её виртуальной. Под виртуальной связью понимается длительное «последействие» прерванной актуальной связи. На рис. 1. приводится схема, поясняющая один из механизмов образования виртуальных связей.

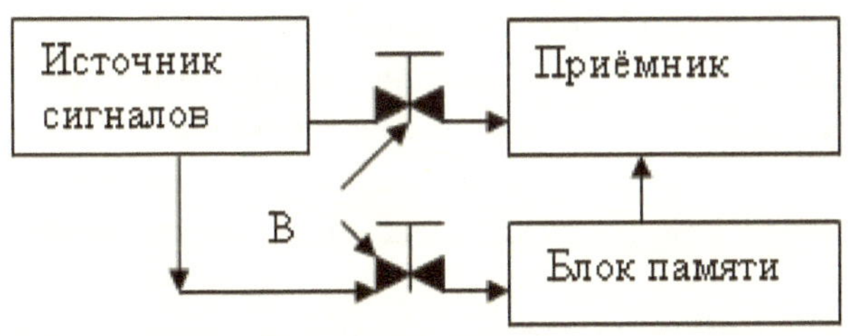

Рис. 1. Вариант создания системной памяти.

Источник сигналов влияет на функционирование приёмника и одновременно сигналы запоминаются в блоке памяти. Допустим, источник сигналов исчезает, что аналогично перекрытию вентилей (В). Но сигналы, сохранённые а блоке памяти, способны поддерживать функционирование приёмника в прежнем режиме. Актуальная связь прервалась, но её заменила виртуальная связь. По сути, внешний источник воздействия (его образ) переместился внутрь приёмника.

Аналогичным образом после смерти человека остается социальная и биологическая информация, которая ассоциируется с понятием «душа». Душа «переселяется» в информационную систему социума ещё при жизни её носителя, и сохраняется после смерти. Живущие должны понять, что суть их бессмертия в «доброй памяти».

После смерти «первоисточника» в социуме остаётся его виртуальный двойник, каким - то образом распределённый в памяти нейронных сетей. Чем больше близость людей при жизни, тем больше связей возникает между личностью и её отражением в психике близких людей. Близкие люди мысленно общаются с виртуальным двойником, следуют его советам, подражают поступкам, видят в сновидениях. Смерть родственников переживается острее, чем смерть малознакомого человека, т.к. чем больше связей возникло при жизни, тем ощутимее их потеря после смерти. «Время лечит» потому, что виртуальный образ умершего теряет яркость. Передаваясь потомкам, образ постепенно превращается в символ. Символы живут, борются, конкурируют за влияние и бессмертие. Этакий информационный дарвинизм. Мы воспринимаем эту информационную вакханалию как ход человеческой истории.

В свете развиваемой точки зрения самоактуализация представляется как рефлексия индивидуальной информации личности в нейронных сетях общества. Чем заметнее эта рефлексия для социума, тем выше степень самоактуализации личности, тем в большем нейронном пространстве замечается этот вклад, тем длительнее хранение в системной памяти социума. Деяния выдающихся личностей влияют на социум тысячелетиями. А в семейном кругу память о предках сохраняется всего несколько поколений.

Непреодолимое стремление «показать себя», оставить о себе память в поколениях, зафиксировано в генетических программах поведения. Люди всегда стремились сохранить память о предках и о себе, создавая мавзолеи, гробницы, книги, рукописи, дневники, фотографии, электронные системы. Возникли социальные институты, обслуживающие эту потребность (историки, биографы, литераторы, кинематографисты, сказители). Для этого существуют музеи, архивы, памятники старины, мавзолеи, египетские пирамиды, наскальная, пещерная живопись и пр.

Покажем, что мотив сохранения и Транслирования своей Информации в Будущее (ТИБ) находится в основе многих поступков людей. Этим мотивируется стремление к славе, власти, почестям. К власти люди стремятся не только из-за доступа к ресурсам, но в большей степени для овладения средствами распространения своей информации и подавления информации других. Подсистемы социума борются за обладание информационными сетями, информационной памятью. Типичным примером является борьба за чистоту религии между конфессиями, борьба идеологий коммунизма и капитализма. Снобизм, гордость, распространение своей идеологии, подавление «чужой» идеологии, также реализует ТИБ - инстинкт. Стремление транслировать «свою» информацию, умножать, сохранять, передавать в будущее (наследство) является следствием вселенского закона возрастания количества и разнообразия информации [holism. narod. ru]. Итак, самоактуализация – это ТИБ.

В отличие от экономики (преимущественно материальные потоки), где конкурируют эгоистический и альтруистический способ присвоения материальных благ, информационный обмен предполагает альтруистический способ его реализации. Ибо только множество носителей информации, их интеграция (коллективизм) может обеспечить надёжное сохранение и переработку социальной информации. Каждый индивид стремится сообщить о своих открытиях человечеству, ибо только так он может обеспечить своё информационное бессмертие. Альтруистическая заповедь всех религий «не убий» неосознанно отражает ценность для общества множества носителей информации.

Наличие социальной памяти создаёт явление, названное Юнгом «архетипами». Это обезличенные программы поведения, воспроизводимые в каждом поколении на бессознательном уровне. Новорождённые усваивают эти правила из системной памяти социума. Наблюдая за собой, можно заметить, от кого позаимствован тот или иной жест, выражение, манера поведения. Каждая личность есть новая комбинация уже известных шаблонов поведения, калейдоскоп социальных масок. Архетипы формируются по тем же законам, как и биологические виды. Механизмом их развития является классическая триада: изменчивость, наследственность и отбор.

Мы только приоткрыли занавесь над запутанными процессами деятельности социальной информации, но при этом открылось то, что принято называть научной новизной. Ниже мы выделяем концептуальную новизну и приглашаем исследователей принять участие в развитии этого научного направления.

1. Социальные психические процессы (моделирование реальности, социальная память) протекают не в индивидуумах, а в коллективах индивидуумов.

2. Индивидуальная информация «переселяется» в социальную память ещё при жизни её источника. После смерти человека она ассоциируется с понятием «душа».

3. Программы, возникшие в прошлом, продолжают работать в системной памяти, следовательно, между прошлым и будущим существует виртуальная связь.

4. Самоактуализация представляется как рефлексия личности в нейронных сетях общества.

5. Информационный обмен между индивидом и социумом предполагает альтруистический способ его реализации. Ибо только множество носителей информации, их интеграция (коллективизм) может обеспечить надёжное сохранение и переработку социальной информации. «Рукописи не горят» потому, что многократно отражены в социальной памяти.

6. Архетипы (как и биологические виды) формируются по законам конкуренции. Механизмом их развития является классическая триада: изменчивость, наследственность и отбор.

Литература

1. Фейджер Р., Фейдимен Д. Личность: теории, эксперименты, упражнения. – СПб прайм-ЕВРОЗНАК, 2002 (Психологическая энциклопедия).
2. Юнг К.Г. Психология бессознательного. - М.: Канон, 1994.
3. Попов В.П., Крайнюченко И.В. Психосфера. – Пятигорск. Издательство «РИА – КМВ», 2008.
4. Крайнюченко И.В., Попов В.П. Системное мировоззрение. Теория и анализ. Пятигорск. ИНЭУ. 2006.
5. Гринченко С.Н. Системная память живого. – М.: Мир, 2004.

Фокин С. А.

Биосоциальные основы обществоведения

Аннотация

В статье предпринята попытка объединить биологическую и социальную составляющие человеческого общества в единую систему. В основании всей системы положены простые принципы, которые подобно матрице задают свойства и характер взаимодействий между элементами системы. Это позволяет рассмотреть элементы системы как переменные некоторых элементарных уравнений, которые могут быть, возможно, предварительным шагом на пути формализации обществоведения.

Социалистов-утопистов часто критикуют за то, что они положили в основу своих теоретических изысканий абстрактное представление о "человеческой природе". При этом они не объясняли, что это такое и какие принципы лежат в основе ее функционирования. К тому же, чтобы объяснить возможность осуществления идеального общественного устройства со справедливым законодательством они сильно идеализировали ее. И хотя эта критика во многом справедлива, на современном уровне развития естественных и гуманитарных наук абсолютно ясно, что эта "природа" есть и, что именно она лежит в основе не только биологического, но и социального бытия человечества.

Специфика обществоведения такова, что не удается развивать теорию, используя один фиксированный набор терминов и определений (как, например, в математике). Но можно, подобно математике или, например, химии, выстроить элементы в иерархическую систему, со строго определенными взаимодействиями между собой, не зависящими от названия элементов.

Представленная ниже статья является попыткой построить такую систему, положив в её основание простые понятия, которые могли бы послужить как бы элементарными частицами, из которых будут сложены более сложные определения.

Эти базовые понятия можно представить как матричные (копируемые на определенных уровнях организации) свойства живой материи. Об уровнях организации можно говорить потому, что время эволюция живой материи имеет огромную протяженность и в ходе нее выделяется несколько революционных поворотов, не изменявших, однако, матричные свойства. Наоборот, полностью ими определявшиеся.

Живое вещество способно вступать и активно вступает в реакции с органическими и минеральными объектами (веществами), но само (пока оно живое) не расходуется при вступлении в реакцию, как любое неживое вещество (и органическое и не органическое). Наблюдается как-бы новый тип химической реакции - реакция увеличения своего присутствия. Достигается это за счет реализации двух элементарных механизмов, которые и являются матричными свойствами живой материи. Первое матричное свойство живой материи – поглощение **окружающей среды**. Увеличение своего присутствия происходит за счет поглощения элементов окружающей среды. Это базовое свойство условно можно назвать **агрессией**. Одновременно с этим, свойство не расходоваться в реакции определяет второе матричное свойство живой материи – способность сохранять (бороться за сохранение) состояния предшествующего вступлению в любую реакцию (или, что в данном случае одно и тоже, способность сохранять состояние последующее за любой реакцией) – сохранять **исходное состояние**. Сохранение исходного состояния условно можно назвать **страхом**.

Живые организмы в энергетическом отношении следуют общим физическим законам: всему свойственно стремление двигаться по пути наименьшего сопротивления, то есть экономить в достижении цели расходуемую энергию. Следовательно, совершая акт **агрессии,** организм будет "выбирать" путь с *наименьшим* отклонением от **исходного состояния**.

Можно видеть, что базовые понятия описывают самые основные, известные из школьных учебников, свойства живой материи: избирательную поглощающую способность живого организма и сохранение постоянным своего химического состава.

Формой, в которой происходит увеличение своего присутствия на физиологическом уровне, является *питание* и внутриклеточный *биосинтез.* Внешней средой организма, как некой биохимической структуры, естественно являются те *химические вещества*, с которыми организм непосредственно соприкасается. Исходным состоянием на этом уровне организации живого вещества стал *ген*, кодирующий и постоянство состава, и избирательность поглощения.

Следующим уровнем, на котором проявляется действие базовых понятий – это *поведение.* Поведение, как активное физическое взаимодействие со средой (целенаправленное передвижение), явилось своего рода революцией в развитии живой материи. Она стала возможна благодаря появлению гетеротрофных организмов. Вероятно, первые гетеротрофы достигали размеров, которые снижали их энергетическую эффективность. Организмам становилось выгоднее тратить энергию на перемещение, а не на рост.

Как для *организма* окружающей средой являются химические вещества, так для *поведения* окружающей средой является поведение других организмов (их действия), а также природные явления места обитания (которые также можно трактовать как поведение - поведение окружающей среды) – то есть то, что называется *экосистемой.*

Живой организм, поглощая химические вещества из окружающей среды, не меняет своего химического состава (за небольшие промежутки времени). Точно такая же закономерность есть и на уровне *поведения.* Это можно проиллюстрировать на следующем примере. Когда волк охотится на овцу, *поведение* волка взаимодействует с *поведением* овцы (поведение волка догонять овцу, поведение овцы спасать свою жизнь). Убив овцу, поведение волка поглощает поведение овцы (у мертвой овцы никакого поведения нет). При этом волк остается самим собой, его поведение не включает элементы поведения овцы.

Из примера с волком видно, что увеличение своего присутствия на уровне *поведения* происходит путем совершения любых *действий*, т. к. совершая действия, организм осваивает окружающую среду, делает ее особенности привычней и ближе к своей поведенческой структуре (подобно тому, как съеденная овца становится “ближе” организменной структуре и биохимическим характеристикам волка). Закрепляют результаты многократного повторения действия *рефлексы.*

Организм активно влияет на среду, стараясь, в идеале, изменить ее так, чтобы у него затрачивалось на жизнедеятельность как можно меньше энергии. Но, поскольку, в нормальных условиях энергия среды (и ее инерция, устойчивость) значительно выше, чем у организма, то для организма энергетически более выгодно (и единственно возможно) изменяться самому. Создается впечатление, что активную роль в данном случае играет среда, но это не так. Изменение организма происходи вследствие его действий (поведения), и, следовательно, является **агрессией** на уровне *поведения.*

Противоположенностью изменчивости, как известно, является *наследственность.* Именно благодаря ее механизмам закрепляются в виде *инстинктов* и действия самого организма и рефлексы (реакция на воздействия), т. е. достигаемые *поведением* состояния, становящиеся исходными для дальнейшего развития организмов. Таким образом, пара *наследственность – изменчивость* есть выражение базовых понятий **агрессия – страх** на данном уровне организации живой материи.

При инстинктивном поведении информация, которой оперирует организм, очень слабо дифференцирована. Весь массив делится на вводную информацию и цель, которую пытаются достичь действием. Здесь вовсю господствует метод проб и ошибок (естественно всегда основанный на физических возможностях организма), с помощью которого вырабатываются рефлексы. О таком поведении правильно замечено, что оно лишено гибкости и способности быстро реагировать на резкие изменения условий. Вводные и цель всегда предложены в директивном порядке и когда информация разделяется только на них, то выбирать пути решения попросту не из чего. Для преодоления этой не гибкости организмам для дальнейшего усиления своего доминирования над окружающей средой нужно было найти механизм пересиливания, подавления диктата инстинктов и более полного использования информации. Когда информация более дискретна, то возможные решения могут быть представлены несколькими вариантами. Вариантом может быть даже и временный отказ от достижения цели.

Такой механизм проявился в виде следующего уровня организации живой материи. *Мышление* – выбор стратегии поведения, основанный на двух свойствах: способности преодолевать наследственность поведения (**агрессия** мышления – условно *воля*), т. е. ее реальное выражение – инстинкт, и противостоять изменчивости поведения (**страх** мышления – условно *мораль*). Для *мышления* окружающая среда представляется набором *идей. Идея* – это есть образ возможного. Например: упругая ветка, согнутая, а затем резко выпрямившаяся и отбросившая камешек, может содержать *идею* метательного орудия или шеста для прыжков в высоту. Естественно в экосистеме организм окружает множество *идей,* в том числе и позволяющих достигать одной и той же цели разными путями, а также и наоборот. Мышление, поглощая идеи, делает поступающую в организм информацию более дробной. Информация может делиться не только на вводные и цель, но и образовывать блок, включающий пути достижения цели. Мышление делает информацию более дробной, разделяя её на *слова*. *Слово* - это образы, определения, на которые мыслящее существо делит всю поступающую информацию. По аналогии со словом (в обычном понимании) – единицей речи, “слово” – единица мышления.

Вера – механизм сохранения исходного состояния мышления. Информация, которую организм усваивает (способен самостоятельно разделить на слова, кстати, не обязательно общепринятые), участвует в образовании того самого блока, включающего пути достижения цели. Для организма он становится исходным. Информация, которую данный организм сам не может разделить на слова, даже если она включает более эффективные пути достижения целей, отбрасывается, т. к. для выживания бесполезна. Для иллюстрации подобного подхода можно вспомнить, как в школе о тех предметах, которые особенно не даются для освоения, ученики говорят, что в будущей жизни они им вообще не понадобятся.

Выше говорилось, что, совершая акт **агрессии,** организм “выбирает” путь с наименьшим отклонением от исходного состояния. Достигнув уровня мышления, предки человека, реализуя этот принцип, стали использовать первые орудия. Они позволяли получать большие результаты при меньших затратах усилий. Но на первых порах орудия небыли чем-то отдельным от экосистемы. Они представляли лишь предметами окружающей среды.

Мышление закрепляется (имеет исходным состоянием) в *традиции* – определенном наборе установок, которые сами по себе могут быть довольно скорпулезны. В силу того, что индивиды какой-либо популяции отличаются по своим врождённым возможностям, традиции могут быть для одних обременительными, а для других сдерживающими. Это может приводить к сильному расслоению членов популяции по способности выживать, оборачиваться большим потерям и угрожать выживанию вида. Это преодолевается на уровне *общество*, где индивиды действуют сообща (совершают *групповую работу*), но, разделяя функции, что “закрепляется” в *организации* – признании этого разделения. При этом снижаются издержки выживания и развития для различных членов общественной группы.

Общество - уровень, который образуется для конкретного вида деятельности (*труда*). Т. е. для использования конкретных *навыков*.

Это могут быть, разумеется, не только производственные *навыки* (в смысле производство предметов), но и навыки использования этих предметов, навыки управления, развлечения, познания окружающего мира и т. д. Многократное использование *навыка* неразрывно связано с углублением понимания сути задействованных в нем физико-химических законов природы. То есть, накапливается *знание.*

Как и в случае с другими элементами окружающей среды организм старается поглотить как можно больше навыков, т. к. это повышает его благосостояние. Это означает, что индивид должен участвовать в большом количестве трудовых процессов, чтобы иметь возможность напрямую пользоваться их результатами. Но так как невозможно делать одновременно “сто дел”, то во многих трудовых процессах индивид вынужден замещать ресурс непосредственного участия каким-либо другим ресурсом.

Максимального использования доступных навыков и, следовательно, минимизации издержек удается достичь при замещении ресурса непосредственного участия ресурсом управления.

Исходным состоянием общества является *культура* – степень организованности общества. Уровень доверия и связанности индивидов организацией, в частности, позволяет индивидам использовать ограниченное количество навыков без ущерба для своего выживания и позволяет, например, достигать высокого уровня мастерства при производстве предметов материальной культуры.

Элементы окружающей среды, поглощаемые организмом в результате **агрессии,** могут служить мерой **агрессии.** Одновременно с этим, уже поглощенное одним организмом, для другого является внешней средой и тоже может быть поглощено. Организмы с высоким уровнем развития мышления способны использовать элементы природы в качестве *эквивалента* **агрессии**. Это наблюдается уже у животных (хищники, обезьяны). Таким образом, первым *эквивалентом* являлась пища. Наряду с применением орудий человек стал использовать получаемые с их помощью продукты, и, вероятно позднее, сами орудия в качестве *эквивалента* **агрессии** и **страха**. Индивид отдающий эквивалент снижал агрессию берущего, т. к. тот “тратил ” ее на поглощение отдаваемого (это наблюдается и в природе: более слабое животное, отходя от добычи, вроде как, отдавая ее, избегает нападения).

В обществе, следовательно, эквивалент способен заменить *групповую работу* – **агрессию** общества - и сдвинуть место владельца в *организации* (уменьшить его связанность организацией общей деятельности за счёт отказа от непосредственного участия), не лишая его, однако, возможности пользоваться результатом этой деятельности.

Становится важным личное владение эквивалентом. Элементы окружающей среды (это может быть и пища, и предметы экосистемы (орудия), и идеи) становясь *эквивалентом* (приобретая свойства заменять **агрессию**) становятся *собственностью*. Механизмом удержания приобретенной эквивалентом агрессии (собственности) является *власть*.

Процесс превращения элементов окружающей среды в *собственность* есть *экономическая деятельность*. Если на других уровнях организации живого вещества бесконечное смещение поля **агрессия-страх** в сторону **агрессии** невозможно, т. к. теряется устойчивость и всё возвращается к равновесному состоянию, то собственность как эквивалент может быть обменена на недостающий для равновесия **страх**. Процесс обмена - это механизм сохранения исходного со

Последний выделенный уровень это уровень *государство*, исходные сос стояния на данном уровне - *политическая деятельность*.

По отношению к одному элементу окружающей среды процесс его поглощения является как бы цикличным: акт экономической деятельности – акт политической деятельности – снова акт экономической деятельности и так далее. Поэтому, если принимать известное утверждение, что война является продолжением политики, то можно предположить, что военные конфликты совпадают со следующим после акта политической деятельности экономическим актом. Война – есть как бы разновидность экономики.

Внешняя среда уровня, из которой экономикой извлекается собственность, складывается в основном из материальных предметов. И хотя они не обязательно искусственного происхождения и не обязательно участвуют в производственных процессах, их условно можно назвать *орудиями*. тояния которого фиксируются *правом*.

Все вышеизложенное можно свести в табл. 1.

Таблица 1.

	Организм	Поведение	Мышление	Общество	Государство
Агрессия - страх	поглощен ие - сохранен ие	изменчиво сть - наследстве нность	воля - мораль	групповая работа - организац ия	собственнос ть - власть
Увеличени е своего присутстви я	питание-биосинте з	действие - рефлекс	слово - вера	труд - знание	экономика - политика
Внешняя среда	хим. вещества	экосистема	идеи	навыки	орудия
Исходное состояние	ген	инстинкт	традиция	культура	право

Естественно, что с возникновением нового уровня, живая система не перестает функционировать в рамках предыдущего. Более того, предшествующий уровень участвует в важнейшем преобразовании, обеспечивающем поступательное развитие живой системы на данном уровне. Последующий же уровень несет функцию "управления" предыдущим, для большей его эффективности. Поглощение действия происходит путем "затраты" другого действия с приложением энергии питательных веществ. Получение новой информации происходит от использования какой-то исходной и совершения на ее основе какого-либо действия (исходная информация, например, что огонь не обжигает – есть входящая информация, разделенная на слова, чтобы сменить мнение о действии огня нужно подойти и коснуться пламени). Чтобы получить экономический результат нужно затратить определенные средства (собственность), используя некоторые навыки.

Когда производственные возможности человека были малы, а средства сообщения между сообществами слабо развиты, самым простым и удобным эквивалентом являлся сам работник. Это обстоятельство определило возникновение системы рабства и крепостной зависимости. Главным в них было владение рабочей силой. Для поддержания её в работоспособном состоянии затрачивалась часть произведённого её трудом. По мере увеличения производительности труда и развития средств сообщения на первое место вышло владение не работником, а произведённой им продукцией. Она тоже требовала затрат на своё “поддержание” (хранение, оборот), но уже существенно меньших. При дальнейшем развитии главным стало владение особым образом заверенной информации о праве на какой-либо эквивалент. Деньги в этом ряду занимают промежуточное положение, являясь с одной стороны товаром, а с другой – заверенной информацией о владении собственностью. Таким образом эволюция эквивалента шла по пути уменьшения издержек при его владении.

Эти этапы, в общем, соответствуют выделенным Марксом общественно-политическим формациям.

Формализация социального бытия человечества является крайне сложной (если вообще разрешимой) задачей из-за множества и случайности сопутствующих ему нюансов. Однако желание видеть обществоведение точной наукой, надежным инструментом, помогающим решать насущные проблемы человеческого общества, должно служить стимулом для исследователей, берущихся за эту проблему. В связи с этим хотелось бы обратить внимание на то, что представленная выше система имеет некоторую элементарную математику. Хотя она и основана на допущениях, возможно, она имеет некоторый потенциал для развития.

Процесс поглощения элементов окружающей среды происходит с затратой энергии. Следовательно, он может быть описан с помощью уравнения баланса:

$$E-\partial E+E1=E+\Delta E \quad \text{или} \quad \Delta E=(E1/\partial E-1)*\partial E,$$

где E – исходный уровень энергии; ∂E – энергетические затраты организма на поглощение; E1 – энергия поглощённых элементов среды; ΔE – энергетический выигрыш.

Если записать уравнение баланса в виде

$$\Delta E = k*\partial E, \text{ где } k=(E1/\partial E-1),$$

то, хотя математически преобразование верно, получается, что ΔE (энергетический выигрыш) прямо пропорционально издержкам, что противоречит наблюдаемому на практике (например получается, что прирост численности какой-либо популяции прямо пропорционален смертности). Но из уравнения также видно, что при возрастании издержек, в силу какой-то закономерности (математически выраженной тем, что ∂E в скобках стоит в знаменателе), должно резко падать k. В таких условиях дальнейшее развитие системы возможно, только если к ней применимо действие закона перехода количества в качество. Должны существовать механизмы, позволяющие снизить издержки, или сдержать их рост.

Одним из таких механизмов может быть "разгрузка" системы за счет увеличения издержек в надсистеме, в которую рассматриваемая система входит как составная часть. В результате правая часть уравнения становиться

$$k * (\partial E + \boldsymbol{\partial x}),$$

где $\boldsymbol{\partial x}$ – издержки в надсистеме. Для сохранения равенства, к левой части уравнения прибавляем $k * \partial x$. В итоге получается:

$$\Delta E + k * \partial x = (k * \partial E/\partial x + k) * \partial x.$$

Интересно было бы доказать, что в определённых случаях

$$\Delta E + k * \partial x$$

может быть равно ΔX, а

$$k * \partial E/\partial x + k = k2.$$

Тогда уравнение баланса для системы E переходит в уравнение баланса для надсистемы X

$$\Delta X = k2 * \partial x.$$

Можно привести несколько примеров, где хотелось бы получить результат этим методом. Например, есть регион, населенный определенной популяцией. Баланс для особей этой популяции будет равен энергии, которую они извлекают из добытой пищи минус энергетические затраты на ее добывание. Если в силу каких-либо причин издержки на добывание пищи начинают возрастать, то снизить эти издержки можно за счет увеличения издержек в балансе численности самой популяции, а именно: за счет убыли числа особей, в результате гибели или миграции. Таким образом, можно было бы перейти от энергетического баланса питания к демографическому балансу.

Особенно интересно было бы использовать данные преобразования уравнений баланса в социальных системах. Например принять за издержки переход членов какого-то сообщества из что-либо производящих в не производящие (обслуживающие, руководящие или нетрудоспособные), но требующие на себя затрат ресурсов. Можно предположить, что препятствовать этому процессу до бесконечности будет рост уже экономических издержек.

Однако, следует сразу сказать, что вообще о возможности использования и о эффективности такого метода пока сложно говорить. Вероятнее всего преобразования уравнений баланса не получиться применять без дополнительных коэффициентов. Такие коэффициенты можно найти только эмпирическим путем. Для этого нужен большой объем работ со статистическими материалами, возможно, какие-нибудь эксперименты.

Идеальным результатом, в перспективе, было бы получение цепочек таких преобразований, от функционирования отдельных особей, до, возможно, функционирования государств.

Можно попробовать теоретически обосновать правомерность таких "цепочек", используя представленное выше утверждение о взаимосвязанности функционирования уровней организации живой материи.

Таким образом, суть "человеческой природы" и все этапы развития живой материи: от простейших организмов - до цивилизации, можно представить как проявление неких закономерностей, заложенных Мирозданием в виде матричных принципов, подчиняющихся законам диалектики.

На самом деле, матричные принципы Мироздания не ограничиваются теми, которые были представлены в данной статье и, которые в применении к живой материи, можно объединить в один, условно назвав его *Питание*.

Химические и физические процессы тоже действуют по матричным принципам. А поскольку эти процессы хорошо поддаются формализации, то есть надежда, что биосоциальные матричные принципы не окажутся исключением. В таком случае обществоведение удастся сделать более точной и предсказательной наукой, надёжным инструментом в конструировании оптимального общественного устройства.

Серия: **ТЕРМОДИНАМИКА**

Попов В.П., Крайнюченко И.В.

Энтропия. Ограниченность второго закона термодинамики.

Каждый уровень организации Мира должен описываться (и описывается) своим языком. Можно ли только по срезу на пеньке дерева судить об организации кроны, форме листьев, запахе цветков и т. п.? Нельзя понять сложное явление, опираясь на очень простые модели. Попытайтесь описать архитектуру здания, зная только структуру кирпича. В сложных системах законы термодинамики не работают. Законы термодинамики действуют в идеализированных системах, где во внимание принимаются только тепловые процессы и потоки, а другие стороны объектов (структура, саморазвитие, управление, форма, цвет, запах эмоции, сознание и пр.) не включаются в модель термодинамической системы. Однако законам термодинамики приписывают универсальные свойства. Раскроем это заблуждение на примере энтропии.

Впервые понятие «энтропия» эмпирически было выведено Клаузисом в 1865 г. Эта функция S=Q/T (Q - теплота, T- температура) трактуется как часть внутренней энергии системы, которая не может быть переведена в работу. Л. Больцман (1872 г.) для идеального газа теоретически вывел выражение энтропии S = K ln W, где K – константа; W – термодинамическая вероятность (количество перестановок молекул газа, не влияющее на макро состояние системы) [1]. Энтропия Больцмана трактуется как мера беспорядка, мера хаоса системы.

Следует обратить внимание на то, что Больцман в качестве модели взял предельно упрощённую среду, назвав её идеальным газом. Энтропия Больцмана способна характеризовать устойчивость равновесных систем (структур), но не устойчивость процессов, взаимодействий, т.к. в своей математической модели он исключил все виды взаимодействия молекул друг с другом, влияние гравитации, внутренние колебательные движения и т. д. Петрушенко А. А. справедливо отмечал, что энтропия – это функция, «привязанная» к поведению простых атомарно-молекулярных систем [2]. Несмотря на это, её упорно пытаются применить ко всей Вселенной. Например, Седов А. в своей книге «Одна формула и весь мир» тщетно пытается показать универсальность понятия энтропии. Биологи стремятся доказать, что все живое в ходе жизнедеятельности уменьшает свою энтропию [3] и это есть признак жизни.

Однако живое - это более процесс, чем структура, а классическая энтропия характеризует структурную упорядоченность, но не упорядоченность процессов, которые имеют место в живом.

Покажем, что использование энтропии даже в простых неживых системах иногда вызывает недоумение. Если небольшое количество жидкой воды в смеси со льдом поместить в термостат, то через некоторое время вода целиком превратиться в лёд. Получается, что в изолированной системе рост энтропии сопровождается не увеличением хаоса, а ростом упорядоченности (вода переходит в лед) [3, 4]. Но это противоречит выводам термодинамики.

В другом опыте с избытком воды через некоторое время лёд растет. В термостате останется только жидкая вода. Упорядоченный лёд исчез, осталась «хаотическая» вода. В этом случае процесс не противоречит термодинамике. Неопределённость выводов вызвана отсутствием чёткого представления, что есть порядок и хаос.

Рассмотрим еще один пример. Кристаллическая структура металла есть высокоупорядоченное образование. Растянем металлическую пружину при постоянной температуре, чтобы кинетическая энергия атомов не изменилась. У растянутой пружины «упорядоченность» кристаллической решётки несколько понизилась за счёт деформации. Связи удлинились, изменилась частота колебания валентных связей. Пружина стала способна совершать работу за счет накопленной потенциальной энергии. Если дать возможность пружине сжаться, то она совершит работу и самопроизвольно перейдёт в равновесное высокоупорядоченное состояние. Вопреки выводам Больцмана самопроизвольный процесс сжатия не сопровождается возрастанием хаоса, т.е. ростом энтропии. Наоборот упорядоченность структуры возрастает.

По мнению Штеренберга [3], в формуле Клаузиуса $S=Q/T$ энергия есть некоторая сумма всех видов энергий системы: кинетической, потенциальной и любых других. Но Больцман беспорядочность молекулярной системы связывал только с кинетической энергией движения молекул. Чем выше кинетическая энергия всех видов движения молекул (предполагая, что все направления движения равновероятны), тем больше хаоса и это справедливо для идеального газа. Но возможность совершать работу зависит как от потенциальной, так и от кинетической энергии. Доля потенциальной энергии увеличивается в жидких и твёрдых телах. Сложное «переплетение» разных видов энергии в реальных системах делает энтропию очень нечеткой функцией. Её безусловная область применения - это идеальный газ. Переход к жидкому и твердому состоянию уже вызывает многие отклонения.

Можно добавить, что все законы термодинамики носят статистический характер и «работают» только в системах, где элементами являются атомы или молекулы, причём при высокой плотности вещества. Если рассматривать очень разреженные газы, когда в 1см^3 имеются единицы молекул, то в этих случаях законы термодинамики и понятие «энтропия» не приемлемы. Если молекула всего одна, то, о её хаотичности говорить не приходиться. Следовательно, даже не все молекулярные системы можно оценивать энтропией.

Термодинамика утверждает, что в изолированной системе процессы должны развиваться в направлении роста энтропии, т.е. от порядка к хаосу. На этом основании возникло представление о тепловой смерти Вселенной. Но мы имеем пример Солнца достаточно изолированной системы, практически не связанной с другими далёкими звёздами. Самопроизвольный процесс жизненного цикла Солнца направлен от хаотического плазменного состояния к состоянию нейтронной звезды (порядок) [5]. То есть хаос переходит в порядок, а не наоборот.

Сложившееся заблуждение о косности изолированных систем основывается на опытах, проведенных на системах очень малой энергоёмкости, где затухание процессов протекало быстро, и переходные состояния из наблюдения исключались. Незаметно лабораторные представления перенесли на макро и мега системы.

Если создать систему, в которую включены источники ресурсов и подсистемы утилизации «отходов», то в такой изолированной системе будут протекать любые процессы, в том числе и развитие с усложнением, пока не истощаться запасы ресурсов. В зависимости от ёмкости запасов и размеров системы развитие может протекать миллиарды лет. Энергия Солнца черпается из внутренних процессов синтеза «тяжелых» элементов. Сырьё для синтеза попало туда на начальной стадии сгущения газопылевой туманности. И эти процессы обеспечивают развитие Солнца от плазменного состояния к состоянию «белого карлика» уже 5 млрд. лет. С точки зрения человека – целая вечность.

Наша Вселенная развивается за счет энергии, выделившейся при Большом взрыве в начальной стадии эволюции. Если наша Вселенная изолированная, то она развивается на внутреннем источнике ресурсов. Из однородного гелий - водородного облака путем гравитационного сжатия стали образовываться плотные сгустки материи – звезды, планеты. Вселенная становилась неоднородной, как по плотности, так и по температуре. Химический состав ее усложнялся. Кроме простых атомов водорода и гелия в недрах звезд возникли все элементы таблицы Менделеева. Появилась жизнь. Разве это деградация?

Но консерватизм мышления стоек. Биологи, например, стремятся доказать, что жизнь постоянно уменьшает свою энтропию [3] и это есть главный признак жизни.

Обратимся в мир живых и социальных систем и посмотрим, есть ли там место для энтропии как статистической функции. Проследим, как изменяется количество элементов в единице объема при восхождении по лестнице сложности.

В нормальных условиях в 1 см^3 газа содержится около 10^{19} атомов. В живой клетке плотность вещества выше, но элементами являются не атомы, а гигантские белковые молекулы. Оценим приблизительно 10^{14} - 10^{15} молекул в 1см^3. Живые ткани содержат в 1 см^3 ~ 10^{9} клеток. Организм имеет несколько сотен органов. Чем выше иерархический уровень объекта, тем меньше кинетических единиц содержится в единице объема. Но при малом количестве элементов энтропия «теряет свои полномочия», так как функция $S= K \ln W$ статистическая.

Исходя из изложенного, применять энтропию для оценки поведения, например, стаи антилоп из нескольких сот особей нельзя, т.к. очень мала статистическая выборка и очень мало количество микросостояний. Но, тем не менее, пытаются использовать энтропию для характеристики организации людей/

В научном мышлении существует мнение, что живое создает вокруг себя беспорядок (хаос), но повышает свою упорядоченность (Винер, Шредингер). Это следует понимать так. Живое потребляет высокоупорядоченные ресурсы, а сбрасывает в окружающую среду нечто мало организованное. Докажем, что это стойкое заблуждение.

Растения потребляют их атмосферы газы (CO_2), из почвы воду и некоторые микроэлементы. В окружающую среду они отдают газы (O_2, CO_2, H_2O), некоторые метаболиты и рассеивают тепло. В первом приближении энтропия входных и выходных материальных потоков отличается мало (на входе газ и на выходе газ). Животные, потребляющие кроме газов и воды высокоорганизованную материю в виде белков, жиров, углеводов, трансформируют их в свое тело аналогичной сложности. В биосфере отходы одних организмов являются высококачественным сырьем для питания других, поэтому ценные метаболиты организмов нельзя считать веществом с высокой энтропией. Более того, живое вещество по Вернадскому не упрощает косную материю, а даже усложняет, множит разнообразие. Нефть, уголь, месторождения железа, бокситов, мела, известняка и многих других минералов созданы живым веществом. Поддержание состава кислородной атмосферы Земли, этого явно неравновесного состояния, также является деятельностью живого/ Тогда о какой же деградации окружающей среды идет речь?

Однако имеет место деградация энергии. «Высококачественная» световая энергия Солнца превращается в энергию химических связей тканей растений, которая затем после гибели растения деградирует в тепло. Однако переход света в тепло не является спецификой живого. Этот процесс еще с большей интенсивностью осуществляется неживой материей. «Неживая» поверхность Земли поглощает весь приходящий от Солнца свет и затем в виде тепла излучает энергию обратно в космос, а живое вещество утилизирует всего несколько процентов солнечной энергии.

Но человек уменьшает разнообразие биосферы, могут возразить оппоненты, и этим увеличивает её энтропию. Действительно человек уменьшает разнообразие «дикой» биосферы, но при этом увеличивает разнообразие «культурной» биосферы (домашние животные и растения). Невероятно быстро растет разнообразие техносферы, естественно входящей в понятие внешней среды для человека. Кроме того, внутреннее разнообразие системы прямо никак не связано с величиной её энтропии. Принято считать, что кристалл является образцом порядка с минимумом энтропии, но трудно придумать что - либо более однообразное, чем кристалл. Наиболее развитые предприятия и организации общества стремятся упростить систему управления, но это никак нельзя связывать с деградацией. Принято считать, что управление в человеческих социумах направлено на упорядочение процессов и уменьшение энтропии. Но любое управление ограничивает разнообразие системы (также как и «окружающей среды»). Согласно общепризнанному предрассудку, управление, т.е. уменьшение разнообразия внутри управляемой системы, должно сопровождается ростом энтропии, но это абсурд.

Дезорганизация сложных систем не всегда приводит к хаосу. Если каменную глыбу распилить на блоки правильной формы, то дезорганизация глыбы не выглядит как хаос.

Шредингер [5], рассматривая биологические системы, утверждал, что рост энтропии должен компенсироваться увеличением внутренней энергии. Поэтому живое должно накапливать внутреннюю энергию, чтобы использовать ее для поддержания неустойчивого равновесия.

Действительно, чем сложнее организм, тем больше он потребляет энергии в расчете на единицу массы своего тела/ Усиление энергетического обмена было чрезвычайно полезным для выживания.

Человек резко повысил энергопотребление, дополнив пищу использованием горючих материалов. Первобытный человек получал с пищей не более 2000 ккал в сутки. С использованием огня потребление энергии выросло до 5000 ккал/сутки. Сейчас в развитых странах потребление энергии превышает 200000 ккал/сутки на человека.

Рептилии (хладнокровные) – более экономичны, чем теплокровные, но все же теплокровные вытеснили из биосферы почти всех рептилий. Однако не всё так правильно, как кажется. Насекомые, рыбы, моллюски, являясь, по сути, также хладнокровными, процветают до сих пор. Очевидно, что оценка устойчивости сложной системы только термодинамическими потенциалами не корректна. То, что хорошо для простых молекулярных систем, может для живых объектов оказаться не пригодным. Сложные системы многоплановые. Беспорядок в одних функциях может компенсироваться порядком в других.

Сохранять гомеостаз можно разными способами. Или повышенным расходом энергии, или ее экономией. Боксер может победить соперника, действуя рационально, экономя силы. Но может победить и избыточностью, совершая много ложных движений. Броненосец на море обладает мощной защитой от снарядов противника, а торпедный катер рассчитывает только на скорость и маневренность. Чаще имеет место комбинация этих двух способов самосохранения.

У спящего организма энергопотребление минимизировано, но структурная упорядоченность не ниже, чем у активно действующего. Очень эффективным способом самосохранения является, например, анабиоз, который почти без энергопотребления может обеспечить самосохранение. Следовательно, аргумент об антиэнтропийной деятельности живого, основанный на наблюдаемом росте энергопотребления, является некорректным.

Несмотря на сказанное, понятием «энтропия» оперируют в разных науках, следовательно, в этом есть какая - то потребность. Попытаемся понять это. В молекулярных системах в ряду: газ - жидкость – кристалл энтропия уменьшается. Визуально в этом ряду возрастает и способность сохранять структуру (форму). Газ стремится неограниченно расшириться и не имеет формы. Капля жидкости уже оформлена (сфера), но ещё не прочно. Кристалл представляет образец устойчивости. Живое вещество существует и сохраняет устойчивость, упорядоченность, но не вследствие понижения энтропии, а благодаря процессам управления. Итак, в случае с энтропией произошла подмена понятий, под энтропией стали понимать меру устойчивости системы (holism.narod.ru).

Но только одна энтропия не может характеризовать устойчивость биологических систем. У живого есть другая более важная особенность – способность эволюционировать, целенаправленно изменять свой гомеостаз и тем самосохраняться.

Устойчивость неживых систем есть функция энергии связей и кинетической энергии всех видов движения элементов системы. Устойчивость живых систем – это также функция энергии связи и плюс способность к регенерации. Регенерация требует направленных действий (т.е. управления). Можно построить сооружение из очень прочных элементов и оно простоит 100 лет. Но можно сделать то же из «слабых», но легко замещаемых элементов, осуществлять своевременную замену и сооружения также будут долговечными.

Всё живое построено из белковых, полимерных молекул – очень непрочного материала. Именно такой, непрочный материал оказался наиболее пригодным для эволюции. Непрочность, мобильность, плюс управление (регенерация) – это новый способ сохранения гомеостаза, появившийся в форме жизни. Размножение – это замена старого, изношенного на новое, но несколько отличающегося от старого. Эволюция – это высший способ самосохранения. Эволюция – это замена не только элементов, но и модернизация всей конструкции.

Как любой закон, термодинамика должна иметь ограничения. Её нельзя расширять на весь мир. Её место в простых молекулярных и атомарных системах.

Литература

1. Кузнецов Б. Г. К истории применения термодинамики в биологии. // Биология и информация, 1965.
2. Петрушенко Л. А. Самодвижение материи в свете кибернетики. - М.: Наука, 1971.
3. Штеренберг М. И. Проблема Берталанфи и определение жизни. // Вопросы философии, 1996, №2.
4. Штеренберг М. И. Синергетика и биология. // Вопросы философии, 1997, №3
5. Дубнищева Т. Я. Концепции современного естествознания. / Под ред. Жукова М. Ф..- Новосибирск.: ЮКЭА, 1997.

Серия: **ФИЗИКА И АСТРОНОМИЯ**

Адаев У.Ж.

Новые доказательства в современной теории гравитации

Аннотация

Земное притяжение образуется в результате экранирования центральным ядром Земли всепроникающих потоков «гравитонов», которые участвуют в термоядерном синтезе ядра и превращаются в другие элементарные частицы. Отсутствие потоков «гравитонов» со стороны ядра Земли определено в эксперименте с помощью постоянных магнитов. Новый взгляд на природу гравитации осуществлен с позиции изменения направления потока «гравитонов» при проникновении в материю под влиянием магнитного поля. «Гравитон», как фотон, при проникновении в тело испытывает торможение, в связи, с чем незначительно отклоняется от первоначального направления движения. В магнитном поле такое отклонение в потоке «гравитонов» происходит организованно. Направленный поток гравитации вращает центральное ядро Земли, а также толкает Луну на орбите. Под влиянием направленного потока гравитации вокруг планет образуется кольцо. Гравитационная постоянная характерна для каждого источника гравитации и выражается соотношением пространства и времени. Обратная взаимозависимость пространства и времени порождает аномальное отклонение в природных явлениях.

Содержание

«Кто мудр, эту книгу оценит с почтеньем, -
лишь тот ценит знанья, кто зрел разуменьем».
Юсуф Баласагуни

Введение

Слово «гравитация» происходит от латинского слова «gravitas», означающего «вес, тяжесть». Однако, «гравитация» выражает более широкое понятие, чем просто вес тела. Свободное падение тел на Землю издавна объяснялось наличием их таинственного притяжения к Земле. Астрономические наблюдения показали, что небесные тела также притягивают друг друга.

Гравитационные явления на протяжении всего существования человечества вызывали повышенный интерес, поскольку в своей повседневной практике человек непрерывно с ними сталкивался. Естествознание выдвинуло два вопроса в этой области - о природе гравитации и о законе гравитации. Ответ на первый вопрос должен был бы пролить свет на природу гравитации, ее внутренний механизм, на устройство гравитационного поля, а также на некоторые прикладные аспекты, вытекающие из возможного понимания сути гравитационных процессов, например, нельзя ли увеличить или уменьшить тяжесть тел, нельзя ли экранироваться от влияния притягивающего тела и т. п. Ответ на второй вопрос должен привести к познанию функциональных зависимостей, необходимых для расчета движения тел в поле тяжести других тел, например, для расчета движения траекторий планет и комет, или для расчета баллистических траекторий тел в поле тяжести Земли.

Закон всемирного тяготения, сформулированный И. Ньютоном во второй половине XVII века, отражает универсальное свойство материи – зависимость движения тел от их массы и расстояния между ними. Однако, сам И. Ньютон и все последующие физики на протяжении более 300 лет не смогли объяснить природу сил, действующие на тела, согласно этому закону. Почему, на первый взгляд, такой простой закон, так долго не получал должного объяснения со стороны физиков? Это можно объяснить тем, что при объяснении природы возникающих сил в данном законе, все усилия были направлены на поиск причин тяготения, направленного точно в центр Земли. В течение XVIII—XX вв. физики искали механизм, объясняющий тяготение. Ньютон практически всю свою жизнь пытался докопаться до сути гравитации. Пытался вначале объяснить дальнодействие тяготения наличием эфира, тонкого вещества переменной плотности, которое, вытесняя более грубое вещество и заполняя поры тел, вызывает тем самым эффект притяжения. Но, впоследствии он от поисков механизма тяготения отказался.

В течение двух веков физики обсуждали два типа механизмов, объясняющих гравитацию - с помощью эфира и с помощью корпускул. Однако, эти объяснения не выдерживали серьезной критики. Возникали разные объяснения природы тяготения (электрические, магнитные и др.), однако все они по тем или иным причинам не находили должного удовлетворения. И это справедливо, так как они не описывают причину тяготения между телами.

Тяготение – это последствие гравитационного взаимодействия тел, сила, полученная в результате влияния гравитации. Это можно сравнить с индукцией магнитной катушки, возникающей в результате направленного тока электронов. А, так как, известный закон всемирного тяготения относится к вычислению центробежной силы тел с определенной массой и ее противодействия, гравитация в данном законе имеет второстепенное место.

Интерес к проблеме гравитации возник задолго до Ньютона. В IV в. до н. э. Аристотель утверждал, что все тела падают, потому что они стремятся к центру Вселенной, а этим центром является Земля. При этом считалось, что чем тяжелее тело, тем быстрее оно падает. Такое представление продержалось около 2 тысячелетий и было опровергнуто в результате опытов Галилея со свободным падением тел. Галилей доказал, что если освободиться от сопротивления воздуха, то все тела упадут на Землю с одинаковым ускорением. Большой вклад в развитие идей о всемирном тяготении внесло открытие И. Кеплером законов движения планет, однако, так же без объяснения причин тяготения и участия гравитации. Все эти факты подготовили почву для открытия И. Ньютоном закона всемирного тяготения в 1685 году. Этот закон, а также сформулированные Ньютоном три основных принципа механики: закон инерции, закон пропорциональности ускорения действующей силе и обратной пропорциональности массе, а также закон равенства действия противодействию — легли в основу современной классической, или, как часто говорят, ньютоновой механики.

Как в теории тяготения Ньютона, так и в общей теории относительности Эйнштейна гравитационная постоянная рассматривается как универсальная константа природы, не изменяющаяся в пространстве и времени и не зависящая от физических и химических свойств среды и гравитирующих масс.

Вместе с тем, эти утверждения сделаны без определения природы самой гравитации, в связи с чем, не могут претендовать на обоснованную теорию.

Источник инерции или механизм инерции есть краеугольный камень, на котором обозначено разрешение на правомерность или на истинную модель теории гравитации. Решив проблему инерции, можно смело утверждать, что модель гравитации верна и что открыт путь для понимания многих явлений природы от распространения света до основ устройства вещества. Рассмотрим состояние инерции в существующих теориях. Исаак Ньютон оформил или описал гравитацию и инерцию очень простыми формулами, следующими из законов Кеплера для движения планет. Вот формулы Ньютона:

гравитация – $F = (G \cdot m_1 \cdot m_2)/ R^2$

инерция- $F = a \cdot m$.

Очевидно, что эти формулы, никоим образом не дают представления об источнике гравитации и инерции. Это совершенно чётко понимал сам Ньютон. В настоящее время общепризнанной теорией гравитации (ОТО) является пространственно-временное представление Альберта Эйнштейна. Фактически в ОТО отсутствует сила гравитации, как это принято Ньютоном. Вместо силы введено гравитационное поле в форме, описываемое метрическим тензором, в котором гравитационное поле характеризуется не скалярным потенциалом Ньютона $U = (G \cdot m_1 \cdot m_2)/ R$, а десятью функциями. Эти функции определяют псевдориманово пространство с интервалом

$ds^2 = g(ik) \cdot dx(i) \cdot dx(k)$

Принято считать такое описание поля гравитации, и есть формула гравитации по ОТО, а инерция есть полный эквивалент гравитации. Описывается точно таким же пространственно-временным интервалом. Утверждать, что проблема гравитации и инерции разрешена с помощью геометрии чрезвычайно трудно. ОТО не обладает механизмом, или природой гравитации-инерции. Это является основной причиной непрерывного поиска реального механизма этих природных сущностей. [1]

В настоящей работе ниже выводится космическая гравитационная постоянная, характерная для каждого гравитирующего тела и зависящая от объема его центрального ядра, где происходит термоядерный синтез. Физические и химические свойства материальной среды непосредственно зависит от величины гравитационной постоянной.

Астрономические наблюдения производятся только с помощью электромагнитных колебаний (ЭМВ, гамма-квантов, света) и космических лучей. Пока других доступных способов не существуют. В частности, нет обнаружения гравитационных волн, нет прямых измерений сил гравитации и инерции. Объяснение астрономических наблюдений основывается на достижениях теоретической физики и, главным образом, на гравитации-инерции Ньютона, Общей Теории Относительности, квантовой теории гравитации. [2]

I. Новый взгляд на природу гравитации

«Истина бывает часто настолько проста, что в нее не верят».

Фанни Левальд

1.1. Место гравитации в законе всемирного тяготения

Природа гравитации до сих пор не ясна и учёные упорно продолжают искать частицу-носителя гравитации – гипотетическую частицу «гравитона». Имеющиеся сейчас модели «гравитонов» пока далеки от описаний реальной действительности, так как их и не смогли пока обнаружить. Да, из некоторых построений вытекает, что взаимодействие с помощью «гравитонов» должно как будто вызывать эффект отталкивания, но это всё пока теория.

Везде вещество (тела) падают на какое-либо центральное тело. На Земле - это падение тел и предметов на Землю, ускорение Луны в сторону Земли, в Солнечной системе - это наличие ускорения (падения) планет в сторону Солнца. Некая невидимая сила тянет объектов в сторону центрального тела, и заставляет их вращаться вокруг него. Такое положение сам Ньютон назвал тяготением (ускорением) тел к центру окружности. И, исходя из этих положений, он сформулировал свой закон всемирного тяготения. Тяготение, оказалось, пропорционально массам тел, и обратно пропорционально квадрату расстояния до них ($F = GMm / R^2$).

Причины такого поведения объектов (падения, ускорения) остались невыясненной. Сам закон Ньютона охватывает только часть некоего явления и закон «начинается» тогда, когда некий объект уже связан (взаимосвязан) центральным телом, и он, кружась вокруг большого тела, по спирали падает на центральное тело. И, ...все. А вот, что происходит до взаимосвязи тел, и что за процессы приводят к такой взаимосвязи тел, остается неясным. Чтобы объяснить все это, было изобретено и пущено в обиход гравитационные силы. Они взяли на себя ответственность за падения и тяготения тел друг к другу.

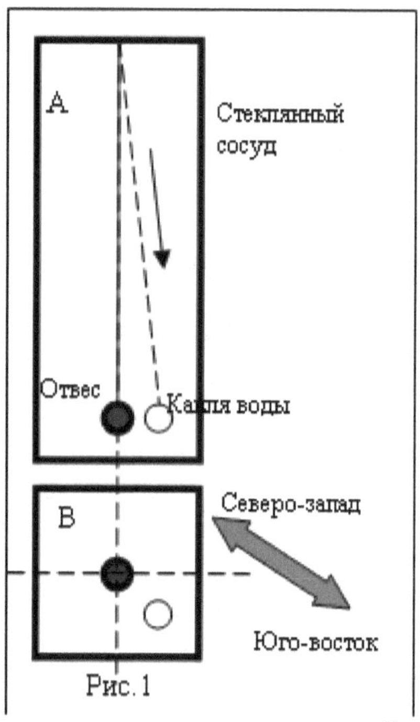

Рис. 1

Мой подход, как раз состоит в том, чтобы чуть, более шире, взглянуть на эти вещи, и попытаться охватить это явление от начала и до конца, и выяснить, что это за явление. Ведь явно чувствуется, что есть некое большое явление, а закон всемирного тяготения «ухватывает» только кусок этого явления.

Природа гравитации оказалась самой сложной во всей современной фундаментальной физике. Естественной экспериментальной установкой для открытия мною природы гравитации послужила Солнечная система, в которой нейтрино оказалось доминирующим по энергии и по создаваемой им силы гравитации. По своим качествам на роль «гравитона» - исполнителя гравитации претендовало только нейтрино, одна из самых маленьких частиц, известных современной науке. Простейший эксперимент - «гравитационное отклонение», проведенный мною и доступный каждому (рис.1), в корне меняет взгляд на природу гравитации. Этот эксперимент направлен на определения свойств гравитации по изменению направления движения свободно падающих тел в вертикальной (А) и горизонтальной (В) плоскостях.

Для исключения влияния движения воздуха, падения капли зафиксировались в изолированном стеклянном вертикальном сосуде двухметровой высоты. Капли воды, при свободном падении, в зависимости от времени суток отклоняются в разные стороны, но преимущественно в юго-восточную сторону от вертикального отвеса и падают недалеко от вертикальной оси. Это можно объяснить только тем, что отклонение происходит под воздействием гравитации, имеющей в основном юго-восточную направленность влияния, о чем подробно остановлюсь ниже.

Причиной трудности обнаружения носителя гравитации до сегодняшнего дня, является неуправляемость и неуловимость гравитации, а также, отсутствие ярких признаков, позволяющих сделать вывод о свойствах и качествах, так называемого «гравитона». Одной из проблем в пути познания тайн гравитации стало неудачное представление о свойствах гравитации по взаимодействию с материальными телами. Было ошибочно принято, что гравитация, создавая притяжение между телами, не приталкивает их друг-другу, а притягивает их по прямой линии. Такое представление не позволяло объяснить механизм обращения космических объектов по орбите, тем более вращения их вокруг собственной оси.

Предлагаемая ниже «нейтринная гипотеза» позволила привлечь в новую теорию о возникновении гравитации самые яркие идеи физики элементарных частиц и тем самым обогатить содержание этой теории. Благодаря смелым предположениям, которые впоследствии находили подтверждения, мне удалось создать стройную систему о свойствах гравитации, которая хорошо согласовываются с существующими в природе и науке законами и правилами.

1.3. Механизм возникновения гравитации

«Для меня ясно, что если материя имеет вокруг себя поле тяготения, то внутри есть механизмы для его образования.»

К. Циолковский

Попытки ученых объяснить причину гравитации привели к поиску и созданию разных вариантов механизма тяготения, объясняющего природу возникновения гравитации. Еще в XVII веке шли жаркие споры о том, является ли гравитация следствием внешних воздействий или это внутреннее свойство самих тел? Притягиваются ли тела в пространстве непосредственно или же их движение объясняется ударами неких частиц? Само по себе принятое в физике утверждение о том, что тело, имеющее массу, обладает свойством притяжение не обосновано никаким принципиальным механизмом.

Многим (Р.Декарт, и др.) мысль о непосредственном притяжении была совершенно неприемлемой, и они считали, что движение больших тел могут вызвать только действие мельчайших невидимых частиц. В 1690 году швейцарский математик Николас Фатио де Дуилье и в 1756 Жорж-Луи Ле Саж в Женеве предложили простую кинетическую теорию гравитации, которая дала механическое объяснение уравнению силы Ньютона. Эта точка зрения получила дальнейшее развитие в XVIII в. и известна под названием «экранной теории» (М.Ломоносов, в XIX в. В.Томпсон). Согласно этой теории все мировое пространство заполнено мельчайшими частицами, которые хаотично двигаются с большими скоростями во всех направлениях. Одиночные тела бомбардируются частицами со всех сторон одинаково. Два тела являются экранами для частиц, и между ними плотность частиц оказывается меньше, чем «снаружи». В результате создается разница давлений: «изнутри» – меньше, «снаружи» - больше, и тела «толкаются» в направлении друг к другу, создавая эффект притяжения. Однако, причина экранирования тел, тем более, куда деваются эти частицы после столкновения с телами, остались не определенными. Открытый И.Ньютоном закон хорошо описывал природные явления. Но это была лишь количественная сторона тяготения. Ни во время И.Ньютона, ни после него, приоткрыть тайну физической природы тяготения никому не удалось.

В теории относительности А.Эйнштейна тяготение рассматривается как особенность геометрии пространства-времени. В зависимости от массы вещества происходит искривление пространства-времени и движение тел в таком пространстве выглядит как проявление гравитации. По-существу, теория относительности физическую природу сил тяготения оставила вообще без внимания. Все сводится к деформации геометрии пространства-времени, а механизм воздействия такой деформации на физические тела не прояснен до сих пор. Сегодня, после 300-летнего развития физики с момента открытия закона всемирного тяготения все еще нет ответа на вопрос, что такое тяготение.

Несмотря на поиск все новых элементарных частиц, которые могли бы быть носителями гравитации – «гравитонов», на новейшие теории многомерных пространств (теория «мембран», теория «струн», теория «центра массы», «супергравитация», «суперсимметрия», дырочная теория гравитации, и т.п.) существенного продвижения в понимании физической сути явления гравитации пока что не видно. [3]

В модели «гравитонной теории» используется представление о «гравитонах **g**» как о мельчайших частицах со слабым взаимодействием с веществом. Суммарное воздействие «гравитонов» на пробное тело приводит к «приталкиванию» одного тела к другому. Такой подход позволяет объяснить механизм наблюдаемого «притяжения» одних тел к другим без привлечения теории относительности и понятия об искривлении пространства. Расчет по полученным здесь формулам полностью соответствует результатам расчета по эмпирической формуле закона всемирного тяготения Ньютона[4].

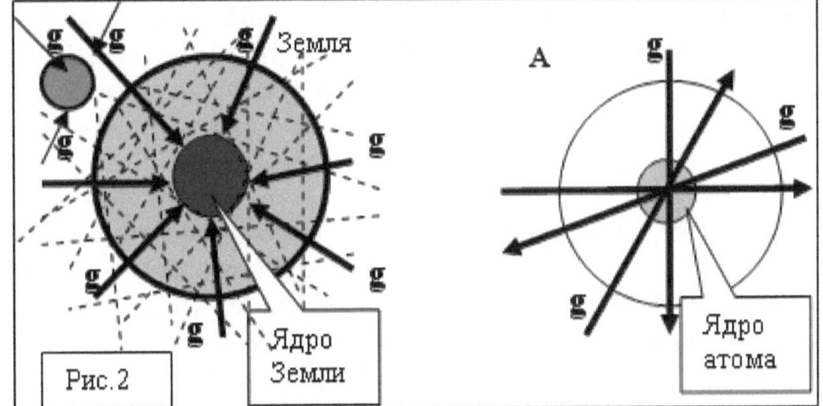

Рис.2

Модель, разработанная мною и показанная на рис.2, хорошо объясняет механизм возникновения гравитации. Предположим, что «гравитоны» равномерно распределены в пространстве и излучаются всеми звездами и планетами, в центре которых постоянно происходит термоядерный синтез. Здесь надо дать должное существующей гипотезе о состоянии внутреннего ядра из жидкого железа, выдвинутой на основе расчетов увеличения плотности породы к центру планеты и характера прохождения сейсмических волн. Вместе с тем, геофизический анализ параметров прохождения сейсмических волн через внутреннее ядро планеты, с точки зрения уровня влияния плотности гравитации дал бы совсем другой результат. Термоядерный синтез, процесс которого искусственно не удалось создать ученым, происходит в условиях высокого уровня плотности гравитации. Такие условия возникают только в недрах звезд и планет, где высокие гравитационные давления способствуют выделению высокотемпературной плазмы и не позволяет ей переходить в цепную реакцию. Тепло, образованное в результате термоядерного синтеза, сохраняет жидкое состояние мантии в течении миллиарды лет существования Земли. В процессе термоядерного синтеза выделяется огромное количество «гравитонов», которые в момент образования не взаимодействуют с веществами. При этом, «гравитоны» в процессе удаления от своего источника на десятки астрономические единицы видоизменяются, после чего становятся активными при взаимодействии с небесными телами. Эти активные при взаимодействии частицы поглощаются теми же природными термоядерными реакторами в центре других звезд и планет.

Через планету в самых разных случайных направлениях пролетают «гравитоны» (пунктирные линии на рис.2), которые, обладают высокой энергией и проникающей способностью, и слабо взаимодействуют с веществом, то есть отдают частицам вещества очень небольшую часть своего импульса. Большинство их пронизывают мимо центрального ядра планеты, и их влияние планете уравновешивается влиянием летящих напротив «гравитонов», то есть $g = g$.Их суммарное воздействие телу $g - g = 0$.

«Гравитоны», которые попадают в центральное ядро, участвуют там в термоядерном синтезе и прекращают свое существование. Вот именно те «гравитоны» не могут создавать равновесие проникающим с противоположной стороны «гравитонам», которые также исчезают в термоядерном синтезе. В результате, только центральное ядро планеты экранирует гравитационное влияние чужих «гравитонов». Результирующее воздействие всех «гравитонов» на центральное ядро не будет равным нулю, и возникнет сила, направленная к центру планеты. Тело с экранирующим центральным ядром, где проходит термоядерный синтез, образует поле тяготения вокруг себя. Тело, не имеющее такое ядро, не может создавать поле тяготения, однако способствует притяжению других тел за счет разницы потенциалов смещенной гравитации.

Объем силы, действующей на планету, будет зависеть от степени поглощения «гравитонов» центральным ядром, где проходит термоядерный синтез. Между направлениями центральных ядер, обозначенных на рис.3 белой полосой, образуется зона, где уровень влияния гравитации уменьшается незначительно.

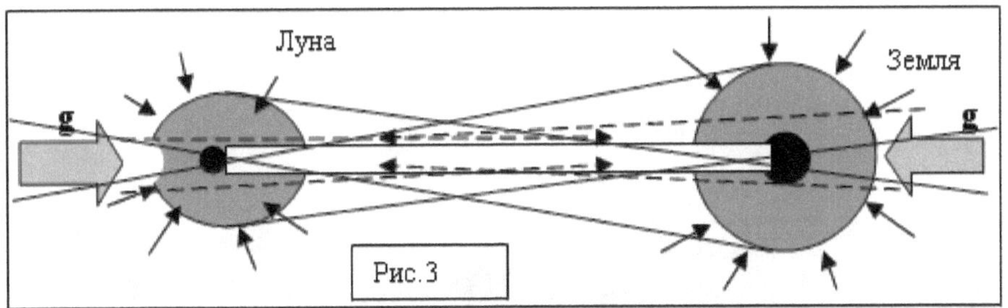

Рис.3

Подпадающие в эту зону участки обоих планет, под влиянием центробежных сил планет, испытывают приливы в водных бассейнах и поднятия почвы, атмосферы. В этих зонах уровень гравитации сохраняется за счет «гравитонов», пронизывающих мимо центральных ядер (пунктирная линия на рис.3). Уровень влияния гравитации также характерна для каждой из них, но выражает способность их создавать притяжение и зависит от объема и мощности центрального ядра, где проходит термоядерный синтез.

В связи с тем, что «гравитон» на несколько порядка меньше протона, при прохождении через атом вещества он пронизывает его, а при сталкивании с его ядром пробивает его насквозь, при этом передает ему незначительную часть своей кинетической энергии (А на рис.2). При прохождении через ядро атома, последнее не может остановить движение «гравитона» и фактически является прозрачным для «гравитона».

1.3. Другой результат эксперимента Кавендиша или смещение потоков «гравитонов»

«Пока не вымрут апологеты старой науки, до тех пор новой теории не пробиться»

М. Планк

В 1797 г. Генри Кавендиш впервые измерил гравитационную постоянную - **G**. Кавендиш использовал крутильные весы, на обоих концах которых висели массивные шары. Они гравитационно притягивались к шарам, помещенным рядом, и поворачивали весы, закручивая нить. Величина закручивания измерялась по смещению луча света, отраженного от зеркальца, закрепленного на нити. За прошедшие 200 лет неоднократно делались попытки более точного измерения G, однако погрешность уменьшалась незначительно и составляла в 1998 г. 0,15%. Группе ученых из Университета Вашингтона в Сиэтле во главе с Jens Gundlach и Stephen Merkowitz удалось улучшить точность на 2 порядка. Они объявили результат измерения $G = 6{,}67390 \cdot 10^{-11}$ н$\cdot$ м^2/кг^2 с погрешностью 0,0014% [5].

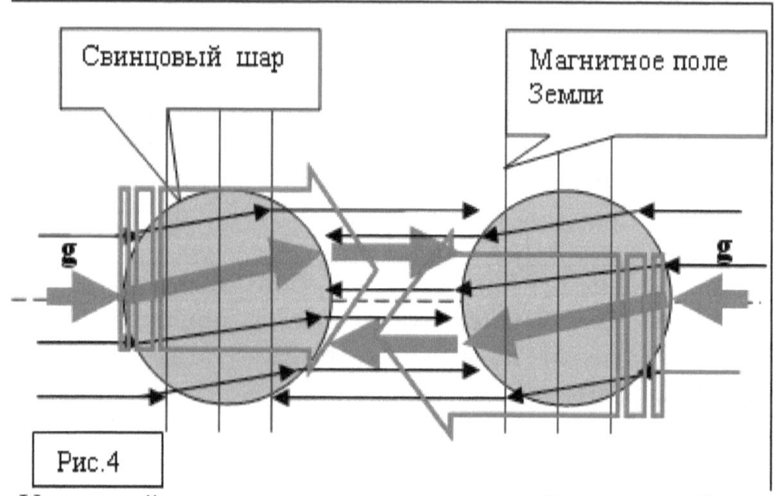

Рис.4

Указанный эксперимент в рамках моей теории объясняется таким образом (рис.4). «Гравитоны», летящие в самых разных направлениях, имеют противодействие со стороны тех «гравитонов», летящих навстречу. При проникновении в более плотные тела «гравитоны» меняют направление своего движения, а под влиянием магнитного поля это происходит организованно. В результате происходит смещение противодействующих потоков «гравитонов», которое порождает незначительную разность потенциалов в противодействующих потоках, что заставляет приближаться тел друг другу. Вместе с тем, этот процесс не является тяготением, а просто смещением потоков «гравитонов».

Результаты эксперимента Кавендиша показывают смещение противоидущих гравитационных потоков и способность «гравитонов» изменить направление движения под влиянием магнитного поля Земли при проникновении в плотные тела.

Существуют разные варианты теории гравитации, имеющие в слабых полях одинаковый ньютоновский предел, но дающие ряд предсказаний, отличных от предсказаний общей теории относительности, в т. ч. переменность гравитационной постоянной. Например, теория П. Дирака, созданная ещё в 1930-е гг., предсказывает изменение гравитационной постоянной (ΔG) со временем на величину $\sim\Delta G/G \approx 6 \cdot 10^{-11}$ в год. Свидетельством тому является то, что Луна ежегодно удаляется от Земли на 3,8 см. Некоторые варианты теории гравитации предполагают зависимость гравитационной постоянной от расстояния между притягивающимися телами[5].

Гравитационная постоянная характерна для определенных космических тел и зависит только от величины и объема центрального ядра, где происходит термоядерный синтез. В зависимости от мощности, точнее, от объема указанного источника энергии, планеты и звезды обладают свойствами сосредоточения и поглощения гравитации.

Поэтому, необходимо считать, что гравитационная постоянная характеризует мощность звезд и планет по поглощению и сосредоточению гравитационных потоков. В зависимости от уменьшения мощности термоядерного синтеза, происходящего в центральном ядре, гравитационная постоянная объекта уменьшается со временем.

1.4. Взаимозависимость пространства и времени

При постоянной величине гравитационной постоянной могут происходить изменения ее составляющих – астрономического пространства (H) и времени (T) в прямой пропорциональности. Эту зависимость можно выразить в виде пространственно-временной зависимости, показанной на рис.5. Из схемы видно, что с изменением времени меняется пространство, то есть, с уменьшением пространственных характеристик (H на h), время количественно уменьшается (T на t) и растягивается ($\Delta t = t / T < 1$) в перспективу до полной остановки ($\Delta t = t / T = 0$). Такая прямая пропорциональность очевидна, так как, если время растягивается ($\Delta t = t / T < 1$) - пространство уменьшается ($\Delta h = h/H < 1$) и образуется пространство, соответствующее прошлому, а если время убыстряется ($\Delta t = t / T > 1$) пространство увеличивается ($\Delta h = h / H > 1$) и соответственно образуется пространство с будущим. Когда гравитационная постоянная находится без изменения, время уравновешена и постоянна ($\Delta t = t / T = 1$), точно также пространство уравновешено и постоянно ($\Delta h = h / H = 1$). Таким образом, гравитационная постоянная является не четырехмерным, а шестимерным, так как время играет основную роль в образовании трехмерного пространства в прошлом, настоящем и будущем.

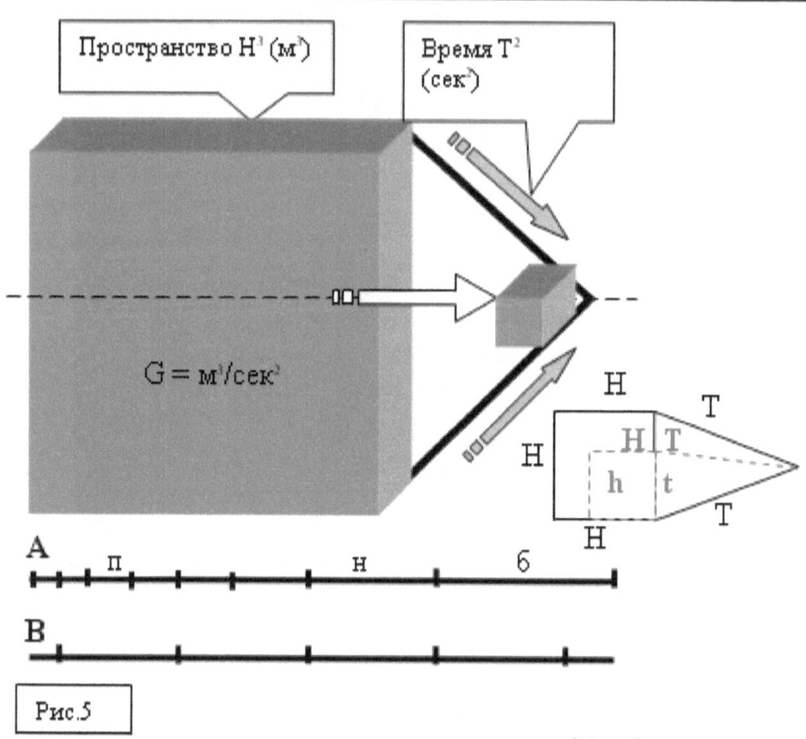

Рис.5

В значении пространство-время G = $м^3/сек^2$, пространство (метр кубический) понятно без разъяснения. А вот, время (секунда в квадрате) воспринимается с трудом, так как в природе такое понятие не встречается, и представить себе время в таком виде не возможно. Однако, квадратичное время в гравитационной постоянной обозначает, что время не постоянное и меняется прогрессивно. В системе координат $x = y^2$ время составляет параболическую кривую.

Великий Эйнштейн определяя искривление пространства и времени превзошел свое время и пространство. Долгое время мы воспринимали его гениальное открытие - искривление пространства в буквальном смысле. Однако пришло время понять, что эйнштейновское искривление пространства есть искривление гравитации, изменение направления движения носителя гравитации. Эйнштейн указывал на искривление траектории движения «гравитона», как у фотона.

Взаимозависимость компонентов гравитационной постоянной является главным фактором изменения свойств всей материи, и в зависимости от своего объема составляет основу разновидности мира. Когда изменяется ход времени, главным образом претерпевают изменения электромагнитные волны, в результате изменяются их производные - свет, тепловые излучения, звук и т.д. Человеческие организмы восприятия - зрение, слух, обоняние и нюх начинают улавливать широкий спектр электромагнитных колебаний, которые раньше были не доступными. При уменьшении пространственных характеристик, изменяются свойства материи – газы становятся плотными, вода - густой, камень - хрупкой, стекло - мутным и т.д. В совокупности, пропорциональное уменьшение пространства и растягивание времени активно влияют на биохимические процессы – химические реакции происходят мгновенно, процессы разделения и размножения живых клеток проходят стремительно, появляются световые и звуковые аномалий. Такие аномальные изменения сохраняются, также, при уравновешенном изменении общего объема гравитационной постоянной.

Такую зависимость легко обнаружить в примере ускорения свободного падения тел на поверхности Земли. Тело, при свободном падении, ускоряет свое движение и в первую секунду преодолевает расстояние 9,81 метров, а во второй секунде - 19,62 метров и в третьей – 29,43 м. Видно, что в отрезке пути, соответствующей ко второй секунде, тело расстояние 9,81 метров преодолевает за 0,5 секунды, а в третьей секунде – за 0,3 секунды. Расстояние осталось прежним, а время убыстрилась. Однако, общий объем гравитационной постоянной остался не измененным, а претерпели изменения в обратной пропорциональности его составляющие – пространство и время. Такие изменения приводят незначительному отклонению в распространении звука и света – эффекту Доплера. Для того чтобы время сохранить одинаково, должно соответствовать увеличивающее расстояние.

На рисунке 5 линия В характеризует нынешний астрономический темп равномерного протекания времени, а линия А – эволюционный темп протекания времени, которые ярко свидетельствуют их несоответствие для соизмерения и сопоставления. На линии А хорошо видно, что к пункту **«п»** соответствует прошедший период, к пункту **«н»** – настоящий и **«б»** – будущий, при этом эволюционное время будет соответствовать астрономическому только в настоящем периоде. Вот поэтому точно идентифицировать прошедшее или будущее время с настоящим временем невозможно, так как будут отличаться соответствующие их пространственные величины. Такое сопоставление свидетельствует, что гравитационное постоянное имеет тенденцию к уменьшению.

Это означает, что если миллиард лет назад гравитационная постоянная Земли была десять раз больше чем сейчас, время протекала соответственно десять раз быстрее. И наоборот, если, через миллиард лет гравитационная постоянная уменьшится в десять раз, время растянется в десять раз. На доступном языке это гласит так, если время убыстряется - увеличивается пространство, если время растягивается – уменьшается пространство.

Попадая в другую планету солнечной системы, где гравитационная постоянная отличается от земной, человек может не обнаружить живые организмы, приспособленные к местным условиям гравитации и существенно отличающиеся от земных по структуре и строению. В зависимости от объема гравитационной постоянной, эволюция жизни там может оказаться впереди, либо позади от нас по развитию. Таким образом, постепенно уменьшающаяся земная гравитационная постоянная сыграла главную роль в эволюции живой и неживой материи на нашей планете. Это привело к естественному видоизменению природы.

Современная физическая наука давно отказалась от ньютоновского понимания времени в виде абстрактной длительности, протекающей самостоятельно (отдельно от развивающихся в мире процессов) и отражающей хронологическую последовательность этих процессов на своей шкале - шкале всемирного времени. Современная физика, пытаясь определить понятие «время» в соответствии со специальной теорией относительности, приходит к пониманию этого явления в виде множества времен, каждое из которых соответствует своему процессу, своей элементарной частице, т.е. своей системе отсчета со своей одновременностью. То есть, в природе нет ни абсолютного времени, ни абсолютного пространства - есть лишь последовательность изменений образующих природу элементов и последовательность их взаиморасположения. Получается, что гравитационная постоянная есть последовательное изменение соотношения пространства и времени, где тело находится в равновесии.

В результате можно заключить, что время есть движение тела в пространстве, то есть перемещение в собственной системе координат. Остановится движение в пространстве – остановится время.

Перемещаются Земля и Луна на собственных орбитах или стрелка часов, проходит соответствующее их движению время. В живом организме циркулируют жидкости, происходит размножение клеток – все эти движения имеют соответствующее время. Даже полураспаду радиоактивных элементов соответствует свое время. Нет движения – время останавливается, вернее, растягивается до бесконечности.

II. Роль гравитации в обращении планет на орбите

«Дайте мне точку опоры, и я переверну весь мир»
Архимед

2.1. Определение гравитационной постоянной Земли с помощью Луны

В первой части теории был сделан вывод, что гравитационная постоянная есть последовательное изменение соотношения пространства и времени, где тело находится в равновесии. На основании этого попробуем определить гравитационной постоянной с помощью существующих объектов в солнечной системе, участвующих в образовании всемирного притяжения и находящихся в равновесии. Для примера возьмем нашу планету – Землю и ее спутника Луну.

Луна, двигаясь по своей орбите радиусом R (расстояние от центра Земли до центра Луны, равное 384000 км), со скоростью v (скорость движения Луны вокруг Земли равна отношению протяженности орбиты на период обращения - C / T = 2πR / T = 6,28 · 384000 км / 27,3 сутки = 2386400 км / 655,2 часов = 3642,2 км/час или 1012 м/сек), во взаимодействии с центробежной силой находится в уравновешенном состоянии. Такое же состояние испытывает искусственный спутник на геостационарной орбите с соответствующими параметрами: H - 42178 км (35800 км + 6378 км), период вращения 24 часа, скорость v – 11035 км/час, или 3065 м/сек.

На орбите космонавт, вышедший из МКС в открытый космос, из-за разницы в массах не улетает прочь от станции, хотя действующая на них центробежная сила разная. Потому что, одна из составляющих гравитации - g , одинаково действует на все тела, не зависимо от их массы и плотности. Поэтому космические объекты с разной массой m и размерами, могут находиться на одной орбите H, при одинаковой скорости v обращения. Вот почему искусственный спутник, находясь на орбите Луны, будет обращаться вокруг Земли с одинаковой скоростью как Луна. Указанные состояния Луны и искусственного спутника на орбите показывают уравновешенные действия центробежной силы и силы притяжения земной гравитации.

По второму закону Ньютона центробежная сила, действующая на Луну при обращении вокруг Земли, направлена от центра и вычисляется как произведение массы на скорость вращения:

$$F_1 = M \cdot v^2 / R$$

где F_1 – центробежная сила, M – масса Луны, V - скорость обращение Луны вокруг Земли, R – расстояние от центра Земли до Луны.

Сила, противодействующая центробежной силе и возникающая в результате притяжения земной гравитации на орбите Луны, согласно первому закону Ньютона равна:

$$F_2 = M \cdot g$$

Уравновешенное обращение Луны и спутников на орбите свидетельствует, что $F_2 = F_1$, значит,

$$M \cdot g = M \cdot v^2 / R$$

отсюда видно, что такое равновесие не зависит от массы, так как, с ее сокращением данное уравнение остается неизменным:

$$g = v^2 / R \qquad (1)$$

Данное уравнение показывает, что при уравновешенном обращении тело на орбите, центробежная сила равна уровню влияния плотности гравитации и характеризуется высотой и скоростью движения тела на орбите. В пользу указанного уравнения говорит и тот факт, что все тела с нулевой точки отсчета в околоземном пространстве падают в сторону Земли с одинаковой скоростью.

Учитывая, что гравитация влияет на тело независимо от его массы и ее особенностью является расстояние и скорость движения объекта на орбите, обеспечивающей равновесие, действующую космическую гравитационную постоянную $G_к$ вычисляем по формуле:

$$G_к = R^2 \cdot g = R^2 \cdot (v^2 / R) = R \cdot v^2$$

$$G_к = R \cdot v^2 \qquad (2)$$

где, R – расстояние от центра до орбиты обращения объекта,

V – скорость обращения объекта на орбите.

По формуле (2) определим космическую гравитационную постоянную (КГП) Земли для Луны:

$G_к = R \cdot v^2 = 384000$ км $\cdot\ 3642^2$ км/час $= 5093438976000$ км^3/час^2 или $393 \cdot 10^{12}$ м^3/сек^2.

В международной системе постоянных IERS в 1992 году принята гравитационная постоянная Земли G - 398,6 · 10^{12} м^3/сек^2.

С учетом, что Луна имеет усредненную орбиту с некоторыми отклонениями, за точную величину КГП Земли примем величину 398,6·10^{12} м^3/сек^2. Данная космическая гравитационная постоянная Земли характеризуется пространством и обратным уменьшением времени нашей планеты.

Для спутника на геостационарной орбите с высотой H = 35800 + 6378 = 42378 км:

$$G_к=H \cdot v^2 = 42178 \text{ км} \cdot 11135^2 \text{ км/час} = 5254372999050 \text{ км}^3/\text{час}^2 = 396 \cdot 10^{12} \text{ м}^3/\text{сек}^2$$

Точно также с помощью спутников Марса определим его гравитационную постоянную, которая равна для Фобоса $G_к = H \cdot v^2 = 9380000\text{м} \cdot 2137{,}26^2$ м/сек = 42,847 · 10^{12} м^3/сек^2 и для Деймоса $G_к = H \cdot v^2 = 23460000\text{м} \cdot 1351{,}18^2$ м/сек = 42,831 · 10^{12} м^3/сек^2. Используя установленные данные спутника Юпитера Ио вычисляем гравитационную постоянную Юпитера

$$G_к = H \cdot v^2 = 420000000 \text{ м} \cdot 17444^2 \text{ м/сек} = 127{,}809 \cdot 10^{15} \text{ м}^3/\text{сек}^2.$$

С помощью формулы (2) можно вычислить скорость для искусственных спутников Земли, необходимая для обращения на заданной орбите:

$$v = \sqrt{(G / R)} \qquad (3)$$

Для каждой планеты свойственна своя гравитационная постоянная, выраженная отношением пространственных и временных характеристик. В зависимости от величины гравитационной постоянной каждая планета имеет собственную пространственно-временную характеристику, отличающуюся от других структурой, формой и условием живой и неживой материи, которые, попадая в условия земной гравитации, со временем меняют свои свойства в соответствие с новыми пространственно-временными характеристиками Земли.

2.2. Уклон гравитации, влияние гравитации на движение планет на орбите

Обращение Луны по своей орбите многими учеными объясняется тем, что она под влиянием притяжения Земли, направленного в центр Земли, постоянно падает на нее, однако, за счет большой скорости движения не успевает упасть на Землю. Постоянная скорость движения Луны объясняется сохранением энергии, то есть она, набрав один раз скорость на орбите, будет двигаться без остановки, так как не встречает сопротивления на своем пути. Вместе с тем, мы хорошо знаем, что на ее движение оказывает возбуждающее влияние гравитации Земли, Солнца и других планет, которые, в конечном счете, должны изменить скорость и орбиту движения Луны. Если измениться скорость движения Луны она должна упасть на Землю или улететь в открытый космос.

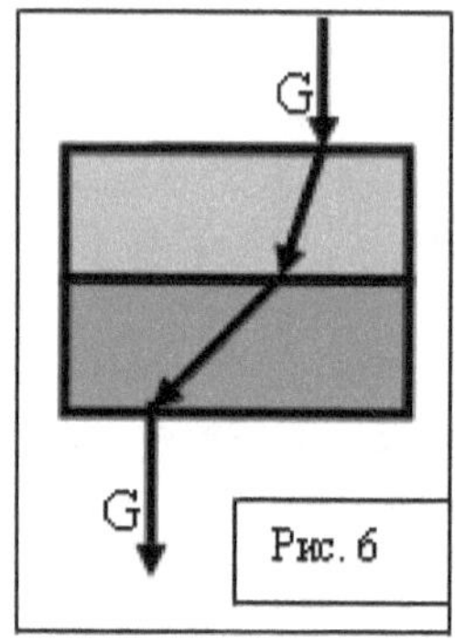

Рис. 6

Тогда справедливо возникает вопрос, что же является источником неиссякаемой энергии для сохранения скорости движения Луны? По моим расчетам, ею является та же гравитация.

Гравитация, как и свет, проникая в материальное тело, встречает сопротивление, в результате чего незначительно замедляется скорость ее распространения, что приводит к некоторому изменению направления движения (рис.6). На выходе из плотного тела, гравитация доводит свою скорость распространения до первоначального и восстановить направление своего движения.

В зависимости от плотности материалов тела, отклонение направления гравитации бывает разным. Все эти изменения происходят равномерно и составляет кривую пространства. Указанный процесс происходит в планетарном масштабе, в связи, с чем повторить экспериментально в лабораторных условиях, пока, не представляется возможным. Земная гравитация, проникая в Луну, меняет свое направление и толкает ее не по прямой, направленной точно к центру Земли, а по касательной к траектории движения Луны по орбите и является вектором направления к центру Земли и направления движения по орбите. То есть, поток земной гравитации, при проникновении в Луну, не будет идти прямо к центру Земли, а под определенным углом. (рис.7)

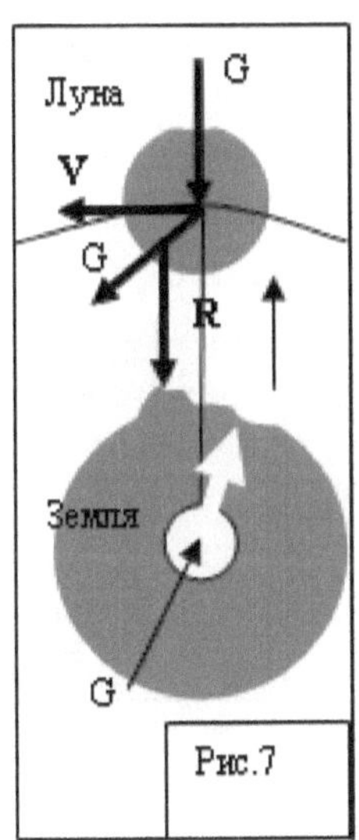

Рис.7

В таком случае, как показано на рис.7, Луна равномерно будет двигаться с определенной скоростью по своей орбите, постоянно получая от гравитации энергию для движения. При этом, проекция потока гравитации, прошедшего через Луну, на поверхности Земли выступает в виде приливного горба и находится впереди проекции самой Луны по направлению к ее обращению.

А это верный признак того, что поток земной гравитации, проникая в Луну, не только уменьшает свой уровень плотности, но и смещается в сторону ее движения. Так как период обращения Луны по орбите постоянный, скорость ее движения по орбите является относительно равномерной и зависит от величины гравитации и обратно пропорционально к радиусу орбиты:

$$V = \sqrt{(G / R)}, \tag{3}$$

если заменим G на

$$g = G / R^2 \tag{4}$$

получим скорость обращения Луны по орбите вокруг центра сосредоточения гравитации Земли:

$$V = \sqrt{(g R^2 / R)} \tag{5}$$

$$V = \sqrt{(g . R)} = \sqrt{(0{,}00266 \text{ м.сек}^2 . 384000000 \text{ м})} = 1011{,}65 \text{ м.сек}$$

где R – расстояние от центра Земли до Луны, g - уровень влияния потока гравитации Земли на орбите Луны.

Формулы (1, 2, 3, 4 и 5) показывают, что скорость движения и радиус орбиты Луны пропорционально изменяются, при неменяющейся гравитационной постоянной.

2.3. Влияние гравитации на образование эллиптической орбиты

Рассмотрим случай, когда под влиянием солнечной гравитации орбита Луны периодически колеблется, в результате чего радиус орбиты последней изменится, соответственно - скорость ее движения. Такое изменение особенно заметно, когда Луна окажется между Солнцем и Землей. Уровень влияния потока гравитации или ускорение свободного падения Солнца на орбите Земли $g_c = G/H^2 = 0{,}005898$ м/сек^2, а уровень влиянии потока гравитации Земли на орбите Луны $g_з = G / R^2 = 0{,}0027$ м/сек^2, почти в два раза меньше солнечной, что приведет к обязательному отклонению орбиты Луны в сторону Солнца.

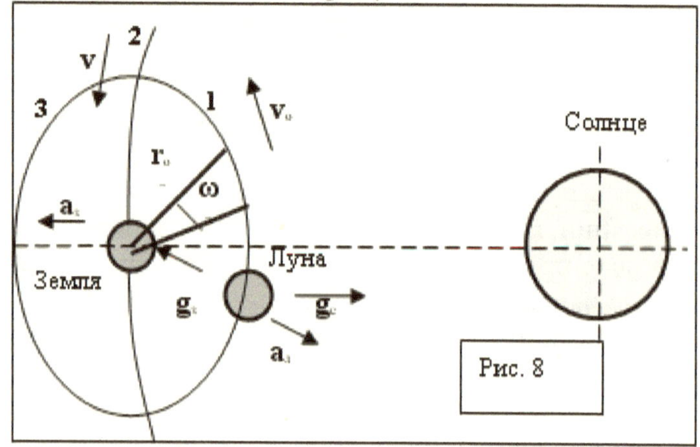

Этот процесс, как показано на рисунке 8, происходит следующим образом – при суммарном уменьшении уровня влияния потока гравитации **g**, центробежная сила - **a** отталкивает Луну от Земли, незначительно увеличив расстояние $\mathbf{r}_o$ между ними. По инерции скорость движения Луны по своей орбите $\mathbf{v}_o$ некоторое время остается прежней, что приведет к ее удалению от Земли по эллиптической орбите (1 участок орбиты). Когда Луна выходит из аномальной зоны, из-за удаления по прямой ее угловая скорость обращения **ω** вокруг Земли уменьшится, что приведет к увеличению $\mathbf{g}_з$ - уровня влияния потока гравитации Земли, то есть ускорению свободного падения. При этом, движение Луны начинает тормозиться, она уменьшит свою скорость $\mathbf{v}_o$, что приведет к уменьшению центробежной силы $\mathbf{a}_л$ и увеличению ускорения свободного падения $\mathbf{g}_з$ (2 участок орбиты). Далее расстояние до Луны начинает сокращаться $\mathbf{r}_o$, а скорость ее движения увеличиваться $\mathbf{v}_o$. При этом, она, как бы, падает на Землю не по прямой, а по касательной (3 участок орбиты). Это приведет к увеличению угловой скорости **ω** с угловым ускорением $\beta = (\omega - \omega_o) / t$, соответственно увеличению центробежной силы $a = \beta \cdot r$, которая начинает отталкивать Луну от Земли. Данный процесс движения спутника Земли объясняется формулами:

$$V = \sqrt{(g \cdot r)} \quad (6)$$

$$r = V^2 / g \quad (7)$$

где v – равнопеременная скорость движения Луны на орбите, g – уровень влияния потока гравитации Земли на орбите Луны, r – радиус обращения Луны на орбите.

Отсюда видно, что радиус обращения и скорость движения Луны на орбите обратно пропорциональны друг другу, так как, уровень влияния потока гравитации меняется в зависимости от радиуса орбиты. Поэтому указанная формула ярко выражает движение Луны и искусственных спутников на эллиптической орбите вокруг Земли.

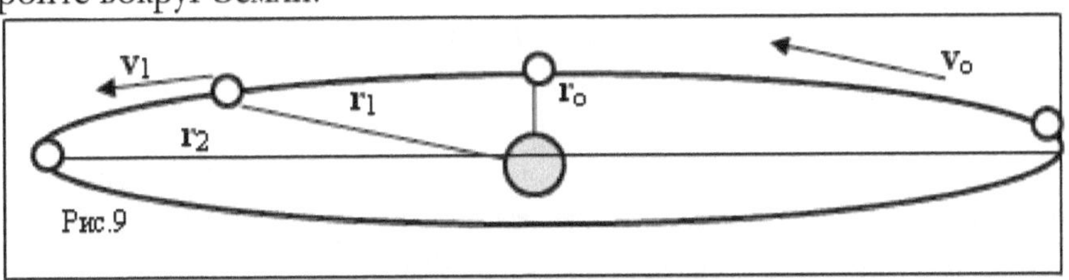

Рис.9

Предположим, что Земля является единственным телом во всей вселенной и находится в состоянии покоя. Если Луна, также в состоянии покоя, появилась бы на том же расстоянии, на каком она сейчас находится от Земли, то она под влиянием земной гравитации, как показано на рисунке 9, сейчас же начала бы двигаться ускоряющей скоростью $\mathbf{v}_o$ в направлении Земли по касательной к прямой линии. При этом Луна не упала бы на Землю, а прошла бы рядом на ускоряющей скорости в расстоянии $\mathbf{r}_o$ и описав вытянутый эллипс вернулся бы обратно. Описав несколько миллионов витков, Луна выпрямила бы свою орбиту и обращалась бы по идеально круглой орбите, не испытывая никаких возмущений.

Представьте себе такую закономерность: поверхность Луны, Меркурия, Венеры не имеющих вращательное действие вокруг собственной оси, испещрена кратерами от больших метеоритов. В то же время поверхность Земли, Марса, Юпитера, и других небесных тел, имеющих вращение вокруг собственной оси, такой картины не имеют. Такое положение наблюдается и на спутниках планет-гигантов, зафиксированное американским космическим аппаратом «Вояджер». Так, поверхность спутников Юпитера Ио, Европы, Ганимеда имеет редкие следы метеоритной бомбардировки, тогда как поверхность Каллисто сплошь покрыта кратерами. Спутники Сатурна Энцелад, Диона и Титан также имеют редкие кратеры на поверхности, когда Тефия, Рея и Япет сильно пострадали от метеоритов. Спутник Урана Ариэль мало пострадал от метеоритов, а Умбриэль, Оберон и Титания часто становились их мишенями. Возможно, те спутники, которые имеют малочисленные кратеры, вращаются вокруг собственной оси. [54]

Земля и Луна находятся сравнительно близко друг-другу и одинаково подвержены метеоритной бомбардировке. Вместе с тем, на поверхности Земли трудно отыскать следов метеоритной бомбардировки. Современная астрономия объясняет наличия множества кратеров на Луне тем, что из-за отсутствия атмосферы и влаги на ней не происходит разрушение кратеров, тогда как кратеры на поверхности Земли исчезают под влиянием атмосферных эрозий. Если это так, тогда как объяснить наличия множества следов ударов метеоритов на поверхности Венеры, при том, что атмосфера там очень плотная, с густыми облаками и углекислыми газами, обогащенными мелкими капельками серной кислоты. По логике, там кратеры должны быть сильнее подвержены разрушению. Такие не логичные следы метеоритной бомбардировки на разных планетах требуют логичного разъяснения.

Почему так получается? Потому, что те небесные тела, которые имеют собственное магнитное поле и вращение вокруг собственной оси, часто избегают столкновения с крупными метеоритами. У них происходит отклонение направления гравитационного потока в сторону вращения. В результате, гравитация этих планет «притягивает» небесные тела только мимо себя. За исключением мелких метеоритных тел, которые подпадают под влияние земной гравитации в сравнительно близких расстояниях, крупные тела испытывают земное притяжение издалека и в ходе приближения, подчиняясь силе гравитации, пролетают мимо Земли. Вместе с тем, столкновение небесных тел с Землей, редко, но все-таки случается, когда быстро пролетающее рядом тело больше подвержено притяжению Солнца и его траектория пересекает орбиту Земли после прохождения нашей планеты. При этом метеориты всегда входят в плотные слои атмосферы Земли по наклонной прямой, в основном в юго-восточную сторону. Возможно, по этой причине, в историческом развитии Земли не зафиксировано ни одного случая падения крупного астероида на нашу планету.

Вклад в развитие идей о всемирном тяготении внесло открытие И. Кеплером законов движения планет. Вместе с тем, его расчеты построены только на движение планет по эллиптической орбите и не раскрывают суть влияния гравитации. Законы Кеплера – наблюдательные законы, следствие математической обработки результатов наблюдений. Они отображают закономерности движения, но не выявляют причин.

$$e = (\sqrt{(a^2 - b^2)}) / a$$

Закон всемирного тяготения показывает, что законы Кеплера – лишь следствие физического свойства любых тел, обладающих массами, притягиваться друг другом. Было принято, что все движения в Солнечной системе подчиняются закону всемирного тяготения. Исходя из малой массы планет и тем более прочих тел Солнечной системы, можно приближенно считать, что движения в околосолнечном пространстве подчиняются законам Кеплера. Тем не менее, закон Кеплера только математически описывает траекторию движения тел вокруг Солнца по эллиптическим орбитам, в одном из фокусов которых находится Солнце. Однако наблюдения показывают, что траектория движения спутников по орбите непосредственно подчиняется уровню влияния потока гравитации, от которого зависит расстояния между телами. Чем ближе к Солнцу небесное тело, тем быстрее его скорость движения по орбите (планета Уран, самая далекая из известных, движется в 5 раз медленнее Земли).

Из наблюдений за движениями искусственных спутников хорошо видно, что под влиянием гравитации время их существования резко сократится, если пустить их против принятого движения, то есть с востока на запад. На такой орбите гравитация начинает тормозить скорость движения спутника и давить его к Земле, что приведет к его неминуемому скорому падению. Даже те спутники, имеющие полярные и сильно наклоненные от экватора орбиты, со временем принимают орбиту вдоль экватора и движутся с запада на восток. Вот по этой причине можно объяснить невозможность обращения искусственных спутников вокруг Луны, у которой нет направленного давления гравитации.

2.4. Влияние гравитации на образование колец вокруг планет

Причиной образования тонких колец вокруг планет-гигантов, также является влияние гравитации. Вокруг экватора планеты вектор влияния гравитации на орбите спутников имеет строгий наклон вдоль экватора в сторону вращения. В других широтах влияние гравитации g имеет некоторый наклон в сторону экватора, то есть с любой точки околоземного пространства спутники, двигающиеся по орбите, будут устремлены к экватору (рис.10), как, например, воздушные массы земной атмосферы южного и северного полушария, в целом, движутся к экваториальному поясу. Давно известно, что в верхних слоях земной атмосферы все время дует западный ветер, обгоняя вращение Земли вокруг своей оси. Какие силы разгоняют этот огромный маховик? Существующие теории не могут дать ответ на этот вопрос. Энергия, выделяющаяся в этом процессе, способна сравнять все горы на Земле. Все это наталкивает на мысль, что влияние гравитации имеет некую закономерность и направленность.

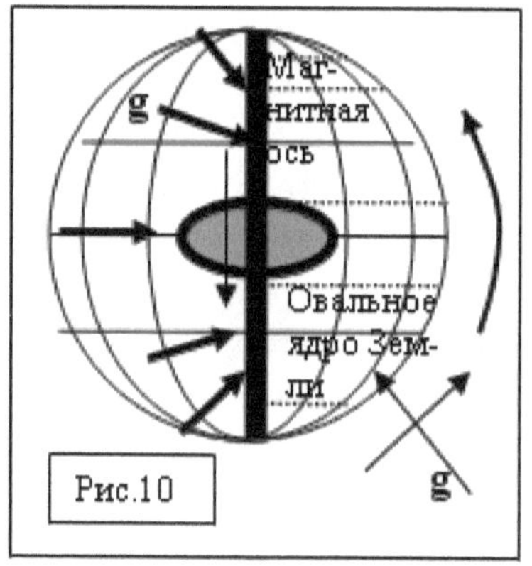

Рис.10

Подчиняясь влиянию гравитации, возможно, все искусственные спутники Земли, вращающиеся на высоких околоземных орбитах, спустя столетия выстроятся в цепь, образуя своеобразное кольцо вокруг экватора и при этом, они не будут испытывать никакого притяжения между собой. Возможно, по этой причине темные пятна на солнце, образованные вследствии гравитационной аномалии, плавая на огненно-жидкой поверхности Солнца, в течение нескольких месяцев собираются на экваториальной линии нашего светила.

С чем связана такая восточная направленность гравитации Земли с уклоном в сторону экватора? Единственно правильным объяснением такому явлению, возможно, является влияние магнитного поля и шарообразная поверхность Земли. В центральной части Земли поток магнитного поля образует плотную вертикальную ось, пронизывающую нашу планету с южного до северного полюса. Напряженность магнитного поля по всей протяженности оси постоянная и сильная (жирная линия на рис.10), мощность распространения, которой убывает в зависимости от расстояния до поверхности планеты. На экваториальной полосе его напряженность имеет минимальное значение и поверхностное магнитное поле имеет параллельное направление. На других широтах, где расстояние до вертикальной оси меньше (пунктирные линии на рис.10), влияние магнитного поля оси проявляется сильнее, и поверхностное магнитное поле имеет наклонное направление. За счет разности напряжения магнитного поля происходит силовое смещение носителя гравитации, которая принимает уклон в сторону экватора.

Для доказательства данного утверждения, посмотрим поведение обычного компаса под влиянием магнитного поля Земли. Компас обычно мы используем в строго горизонтальном положении к поверхности Земли, тогда он исправно показывает направление «север-юг». Если в этом направлении компас развернем на 90 градусов, чтобы направление «север-юг» было параллельно к поверхности Земли, а направление «восток-запад» было вертикально, обнаружим заметное отклонение стрелки компаса. В этом положении стрелка компаса показывает деление прибора «северо-восток», то есть отклонится от горизонтального положения вниз на 45 градусов в сторону «севера». Скорее всего, в этом положении стрелка компаса показывает разницу потенциалов земного магнитного поля, отличающуюся от обычного. [51]

Многочисленные осколки и частицы вокруг планет-гигантов по мере вращения по орбите, под влиянием гравитации планеты собрались на орбите вдоль экватора. При этом гравитация уплотнила их в тонкое кольцо, где каждая частица, независимо от своих размеров, вращается одинаковой скоростью, характерной для каждого уровня высоты орбиты обращения. Особенностью этих колец остается то, что все частицы в них, несмотря на относительную их плотность, остаются отдельными, что свидетельствует равномерности притяжения между ними. Частицы и осколки на самой низкой орбите кольца со временем приближаются к поверхности планеты, и встретив сопротивление атмосферы, и уменьшив скорость обращения, падают на планету. В результате вдоль экватора планеты образуется прямая выпуклая линия от следов кратеров падающих осколков. Когда осколки кольца полностью упадут на поверхность планеты, они образуют ровную горную гряду. Такие линии имеются у Юпитера и Сатурна.

Современная физика существование колец у некоторых планет объясняет тем, что лёгкие тела не взаимодействуют друг с другом и движутся по Кеплеровым траекториям вокруг массивного тела. Взаимодействия же между ними можно учитывать в рамках теории возмущений, и усреднять по времени. При этом могут возникать нетривиальные явления, такие как резонансы, аттракторы, хаотичность и т.д. Наглядный пример таких явлений - нетривиальная структура колец Сатурна. Несмотря на попытки описать поведение системы из большого числа притягивающихся тел примерно одинаковой массы, сделать этого не удаётся из-за явления динамического хаоса.

Однако, если учесть, что сама планета Сатурн когда-то образовалась из мелких кусков, тогда было бы справедливым то, что за сотни миллионов лет осколки его кольца должны бы сгруппироваться и образовать одно целое тело. Вместе с тем, такое явление не происходит и все частицы, образующие кольцо, остаются самостоятельными, так как они не обладают собственными полями тяготения.

В 2007 году «Кассини» обнаружил и сфотографировал стену высотой 20 км вокруг экватора Япета, спутника Сатурна. Ее стеной можно назвать условно, так как она похожа на горную гряду. Она, скорее всего, образовалась в результате падения осколков кольца Япета, некогда существовавшего вокруг него. Феномен Япета свидетельствует, что она когда-то имела собственное магнитное поле и вращение вокруг своей оси. Его гравитация собрала вокруг себя все осколки и образовала небольшое кольцо, вращающееся вдоль экватора. Со временем магнитное поле Япета уменьшилось, что привело к постепенному приближению к поверхности вращающегося кольца. Крупные осколки кольца мягко прияпетились ровно по экватору на поверхность и образовали пояс из горной гряди. Мелкие частицы и пылинки, медленно реагирующие на влияние гравитации, еще некоторое время оставались на орбите. По мере движения Япета по орбите вокруг Сатурна, эти пылинки падали на его поверхность именно со встречной стороны, то есть со стороны движения по орбите. В результате ледяная поверхность Япета оказалась как бы загрязненной с одной стороны, а другая сторона оставалась чистой. Полное исчезновение магнитного поля Япета стало причиной остановки его вращения вокруг собственной оси, что привело к исчезновению центробежной силы и уплотнению породы планеты.

По мере приближения Япета к Сатурну гравитационное влияние последнего пагубно подействовала на него, остановив его вращение вокруг собственной оси. В результате остановилось вращение внутреннего ядра Япета, что привело к потуханию гидродинамического процесса в ядре, основного источника собственного магнитного поля. За этим явлением последовало постепенное исчезновение магнитного поля Япета, что стало причиной полной остановки его вращения вокруг собственной оси, и привело к исчезновению центробежной силы и уплотнению породы планеты. Однако собственная гравитация Япета сохранилась и действует как наша лунная гравитация и не позволяет вращению вокруг себя спутников. [55]

На фотографиях участков кольца Сатурна, полученных с помощью космических аппаратов «Вояджер-1» и «Кассини», обнаружены пятна неизвестного происхождения, с размерами тысячи километров. Эти странные пятна с темными и светлыми полосами на кольце через несколько часов исчезали. Возможно, этот феномен можно объяснить с помощью периодического колебания уровня плотности гравитации Сатурна на участке кольца. Резкое изменение уровня плотности гравитации Сатурна на отдельных участках под кольцом, приводит изменению радиуса обращения частиц, составляющих кольца. Частицы начинают менять уровень орбиты обращения, при этом сохраняют скорость движения, что приводит к равномерному перемешиванию частиц. В результате, привычная стройная картина кольца, образованная частицами с одинаковой скоростью на каждом уровне, разрушается. Однако, когда аномалия уровня плотности гравитации Сатурна нормализуется, рисунок кольца восстанавливается.[3]

Точно такая картина наблюдается и в солнечной системе, где все планеты обращаются вокруг Солнца на одной плоскости и скорость их движения уменьшается по мере увеличения радиуса орбиты от центрального светила. Орбиты планет находятся почти в одной плоскости, совпадающей с плоскостью солнечного экватора (плоскость эклиптики). Только по этой причине можно исключить из состава планет солнечной системы «Плутона», плоскость эклиптики которого сильно наклонена от других.

Снимки дальних галактик, полученные орбитальным телескопом «Хаббл» свидетельствуют, что такой принцип гравитационного взаимодействия имеется и там. Туманность в указанных галактиках, состоящая из газовых и твердых скоплений, вращаются вокруг своего центра в спиралевидной форме, при этом она лежит в одной плоскости.

«Кассини» также сообщил о наличии так называемых тигровых полос на южном полюсе Энцеладе, спутника Сатурна. Именно из области расположения этих линий, более теплой, чем остальные области спутника, происходят выбросы в космос водяного пара и ледяных кристаллов. По объяснению ученых Калифорнийского университета (Санта-Крус) и Лаборатории реактивного движения НАСА, расположенной в Пасадене (Калифорния), причина такого поведения Энцеладе в его вытянутой орбите. Иногда он подходит довольно близко к Сатурну, а потом уходит от него на значительное расстояние. В результате спутник то растягивается, то сдавливается гравитацией, его ледяная оболочка деформируется, что заставляет тигровые полосы, или сбросовые линии, перемещаться взад и вперед. Тепло, возникающее в результате перемещения линий относительно друг друга, создает условия для превращения льда в водяной пар и ледяные кристаллы, которые уходят в космос. [56]

В рамках новой теории, возможно, вся причина выброса пара и льдов в космос в том, что в тигровых полосах происходит аномалия собственной гравитации Энцеладе. Резкое снижение уровня собственной гравитации в тигровых полосах приводит к вулканическому выбросу, а низкий уровень гравитации над зоной выброса позволяет пару и ледяным кристаллам не возвращаться к спутнику, удаляясь в космос.

III. Роль гравитации во вращении планет вокруг собственной оси

«Если я видел дальше других, то потому, что я стоял на плечах гигантов».

Исаак Ньютон

3.1. Участие гравитации во вращении Земли вокруг собственной оси

Если гипотеза о том, что Луна вращается вокруг Земли благодаря направленного воздействия гравитации правильная, тогда логически вытекает закономерность вращения Земли вокруг своей оси под воздействием гравитации. Линейная скорость обращения Луны на околоземной орбите намного выше линейной скорости вращения поверхности Земли. Значит энергия гравитационной постоянной, равная $398{,}6 \cdot 10^{12}$ м^3/сек^2, при проникновении в Землю участвует в выработке кинетической энергии, которая и создает вращательное действие нашей планеты. Но при этом, очевидно, что Земля вращается с другой скоростью. Попробуем объяснить это явление с помощью новой теории.

С учетом скорости вращения поверхности Земли вокруг оси, равной v = 463,6 м/сек., по формуле (2) можно вычислить **G_0** - остаточную гравитационную постоянную (ОГП), при которой создается земное притяжение на поверхности планеты. Определение значения ОГП нам необходимо для дальнейших расчетов.

$$G_0 = R \cdot v^2 = 6378000 \text{ м} \cdot 463{,}6^2 \text{ м/сек} = 1{,}37 \cdot 10^{12} \text{ м}^3/\text{сек}^2,$$

где R – радиус Земли.

Снижение космической гравитационной постоянной (КГП) до уровня остаточной гравитационной постоянной требует логичного объяснения. ОГП является остаточной гравитационной постоянной от КГП и дает основания предполагать, что с проникновением в Землю основная часть космической гравитационной постоянной куда-то исчезает. Единственно правильным объяснением такого понижения объема гравитационной постоянной является уменьшение скорости движения тел, на которых она оказывает влияние. Это означает, что поток гравитации, как энергия, проникая в Землю, совершает определенную работу. По закону сохранения энергии, часть земной гравитации, проникая в Землю, превращает свою энергию в кинетическую и вращает нашу планету с постоянной угловой скоростью.

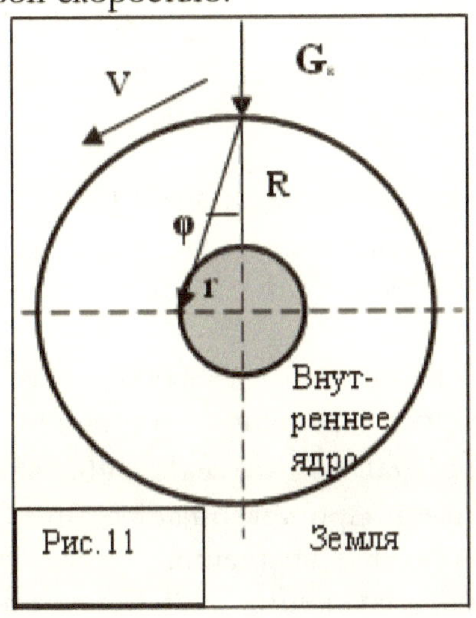

Рис. 11

С уменьшением радиуса вращения скорость вращения тел должна расти пропорционально. Однако, при вращении планеты скорость движения ее поверхности почему-то падает. Очевидно, это связано с тем, что с большой скоростью вращается только определенная часть планеты, скорость которой постепенно передается на поверхность. В таком случае, как показано на рисунке

11, известное нам внутреннее ядро планеты, имеющее диаметр 2500 км, должно вращаться с огромной скоростью, равной
$V = \sqrt{(G_к / r)} = \sqrt{(398,6 \cdot 10^{12}\ м^3/сек^2 / 1250000\ м)} = 17857$ м/сек, при этом ядро за $T_я = 439,6$ сек или за 7,326 минут совершает один оборот, что на 196,54 раз быстрее периода вращения поверхности Земли. Соотношение скорости вращения поверхности к скорости вращения ядра равняется: $V_п / V_я = 463,6$ м/сек / 17857 м/сек = 0,02596.

Степень передачи скорости вращения ядра к поверхности Земли **Ə** определим, для чего умножим полученные соотношения:

$$Ə = (V_п / V_я) \cdot (T_п / T_я) = 0,02596 \cdot 196,54 = 5,1. \qquad (8)$$

Как определено выше, гравитационная постоянная зависит от объема внутреннего ядра, где проходит термоядерный синтез, который поглощает проникающих гравитонов. Для определения **¥** - плотности гравитации на 1 $м^2$, КГП разделим на площадь сечения внутреннего ядра, умноженная на поверхностное **g** и получим:
$¥ = G_к/\pi r^2 g = 398,6 \cdot 10^{12}\ м^3/сек^2 / 3,14 \cdot 1250000^2\ м \cdot 9,81\ м/сек^2 = 8,29$
то есть, если заменим $g = G_к / R^2$, получим

$$¥ = G_к /\pi r^2 g = (G_к \cdot \pi r^2) / (G_к \cdot R^2) = R^2 /\pi r^2 = 8,29 \qquad (9)$$

показывает условную плотность гравитации в одном квадрате метре.

Теперь можно определить отклонение гравитации в плотной среде, для чего найдем соотношение сторон прямого треугольника: R – радиус Земли, r – радиус ядра, φ – угол наклона гравитации (рис.11):

$$\varphi = r / R = 1250000\ м / 6378000\ м = 0,1960 \qquad (10)$$

С помощью полученного коэффициента угла отклонения гравитации вычислим радиус внутреннего ядра других планет:
Для Юпитера:

$$r = \varphi \cdot R = 0,1960 \cdot 71880000\ м = 14087488\ м.$$

Определим скорость вращения внутреннего ядра Юпитера:
$V = \sqrt{(G_к / r)} = \sqrt{(127,809 \cdot 10^{15}\ м^3/сек^2 / 14087488\ м)} = 95250$ м/сек, при этом за 15,48 минут ядро совершает один оборот, что на 38,49 раз быстрее периода вращения поверхности Юпитера. Соотношение скорости вращения - 12627,5 м/сек / 95250 м/сек. = 0,1325, отсюда степень передачи скорости Ə = 5,1.

Определим плотность гравитации Юпитера на 1 $м^2$, разделив КГП на площадь сечения внутреннего ядра:
$¥ = G_к /\pi r^2 g = 127,809 \cdot 10^{15}\ м^3/сек^2 / 3,14 \cdot 14087488^2\ м \cdot 24,737\ м/сек^2 = 8,29.$
Для Марса:

$$r = \varphi \cdot R = 0{,}1960 \cdot 3335000\ м = 653660\ м.$$

Определим скорость вращения ядра

$V=\sqrt{(G_к / r)} = \sqrt{(42{,}831 \cdot 10^{12}\ м^3/сек\ /653660\ м)} = 8095$ м/сек, при этом за 8,45 мин оно совершает один оборот, что на 174,67 раз быстрее периода вращения поверхности Марса. Соотношение скорости вращения- 236,27 м/сек / 8095 м/сек = 0,0292, отсюда степень передачи скорости Ә = 5,1.

Плотность гравитации Марса на 1 м² определим путем разделения КГП на площадь сечения внутреннего ядра:

$¥ = G_к / \pi r^2 g = 42{,}831 \cdot 10^{12}\ м^3/сек^2 / 3{,}14 \cdot 653660^2\ м \cdot 3{,}851\ м/сек^2 =$
$= 8{,}29.$

Таким образом, ¥ = 8,29 свидетельствует, что коэффициент плотности потока гравитации, проходящий через один квадратный метр и участвующий в термоядерном синтезе во внутреннем ядре, всегда и везде одинаково.

Зная КГП, вычислим ускорение свободного падения **g** на поверхности планеты и используя указанный коэффициент можно определить радиус внутреннего ядро планеты:

$$¥ = (G_к / \pi r^2 g) = G_к / \pi r^2 g \qquad \text{отсюда:}$$

$$r = \sqrt{(G_к / \pi \cdot ¥ \cdot g)} = \sqrt{(G_к / 3{,}14 \cdot 8{,}29 \cdot g)} = \sqrt{(G_к / 26{,}03 \cdot g)} \qquad (11)$$

Зная радиус внутреннего ядра планет, с помощью коэффициента плотности потока гравитации легко вычислить гравитационную постоянную планеты:

$$G_к = ¥ g S = ¥ g (\pi r^2) \qquad (12)$$

Наблюдения показывают, что иногда происходят внезапные изменения скорости вращения Земли. В 1956 году внезапное изменение скорости вращения Земли произошло после исключительно мощной вспышки на Солнце 25 февраля этого года. Также, с июня по сентябрь Земля вращается быстрее, чем в среднем за год, а в остальное время - медленнее.

Таким образом, гравитация является главной движущей силой во вращении планет вокруг своей оси и прямо зависит от мощности термоядерного синтеза во внутреннем ядре, способствующего образованию гравитационного потока планеты.

3.2. Смещение и уклон земной гравитации

При определении гравитации как главной движущей силой напрашивается вопрос: с чем связана такая закономерность в обращении спутников на орбите и вращении самой планеты вокруг своей оси? Анализ параметров вращения и обращения планет в солнечной системе выделяет особую роль магнитного поля в этом процессе. В результате возникает только одно предположение – гравитация строго подчиняется магнитному полю, то есть, ее носитель «гравитон» строго ориентируется в магнитном поле планеты. Если ускорение и движение планет по своей орбите непосредственно связаны с влиянием гравитации, ориентированной в магнитном поле, тогда как происходит вращение планет вокруг своей оси?

Как мы предполагали выше, гравитация при проникновении в более плотные вещества меняет свое направление. Так как, плотность породы в недрах Земли увеличивается с глубиной, изменение направления гравитации происходит по пароболической кривой (см. рис.6). В таком случае, ориентированный и направленный под воздействием магнитного поля поток гравитации, при проникновении в тело планеты не попадает точно в его центр, а смещается немного в сторону и сконцентрируется на небольшой сферической поверхности в центральном участке. В результате, весь поток гравитации в центре большого куска смещен от вертикальной оси. Указанный эффект оказывает вращательное воздействие центральному участку и впоследствии передается планете в целом, степень передачи которой зависит от жидкостных характеристик мантии.

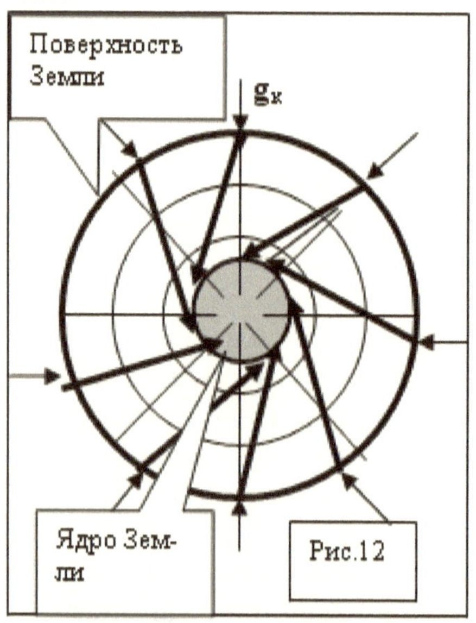

Таким образом, поток гравитации, проникая в Землю, как показано на рис. 12, движется с наклоном и достигнет поверхность внутреннего ядро планеты со смещением в сторону вращения. При этом, под влияние магнитного поля Земли подпадают только те «гравитоны», которые направлены в сторону центрального ядра, остальные – пролетающие мимо «гравитоны» не совпадают с направлением магнитного поля Земли и не имеют направленное воздействие. В центральном ядре, где происходит термоядерный синтез тяжелых элементов, «гравитоны» участвуют в термоядерном процессе и превращаются в другие элементарные частицы, то есть они не пронизывают Землю насквозь. Результирующее влияние ориентированного потока гравитации оказывает вращательное воздействие внутреннему ядру Земли, что в свою очередь передается всему объему Земли. Вращать всю планету способна только гравитация, которая имеет огромную и достаточную для этого энергию.

Участие гравитации во вращении Земли вокруг оси проявляется во многих явлениях на ее поверхности. Под наклонным влиянием гравитации в сторону вращения Земли атмосфера и гидросфера испытывают определенное давление (см. рисунок 10). Например: пассаты (постоянные ветры в тропических областях обоих полушарий, дующие к экватору) под влиянием гравитации перемещаются с запада на восток; в северном полушарии подмываются правые берега рек, в южном - левые; при движении циклона с юга на север его путь отклоняется к востоку и т.д.

Но, наиболее наглядным следствием влияния гравитации с наклоном на восток является опыт с физическим маятником Фуко. Опыт Фуко основан на свойстве свободного маятника сохранять неизменным в пространстве направление плоскости своих колебаний, если на него не действует никакая сила, кроме силы тяжести. Но, так как, плоскость качания маятника не может произвольно менять своего направления, то приходится признать, что на плоскость колебания маятника влияет гравитация, имеющая наклон в сторону востока. Если маятник подвесить на земном экваторе и ориентировать плоскость его качания в плоскости экватора, плоскость его колебания остается неизменным. В случае, когда маятник на экваторе будет колебаться в какой-либо другой плоскости, в конечном счете, он примет плоскость колебания по линии экватора.

Вторым следствием наклонного влияния гравитации является отклонение падающих от башни тел к востоку. Этот опыт основан на том, что на свободно падающее тело действует только гравитация, имеющая уклон в сторону вращения Земли. Следовательно, прежде чем упасть на Землю, тело будет двигаться по эллипсу, и хотя скорость его движения постепенно увеличивается, упадет оно на поверхность Земли не у основания башни, а несколько отклонится от основания в сторону вращения Земли, к востоку.

Еще одним следствием влияния гравитации с уклоном на восток является то, что самолеты, летящие с востока на запад, тратят больше времени, чем на обратном рейсе, так как в первом случае гравитация его тормозит, а во втором случае подталкивает.

3.3. Особенности гравитации Луны и Меркурия и роль магнитного поля во вращении планет вокруг собственной оси

Учитывая синхронное вращение спутников Марса Фобоса и Деймоса вокруг собственной оси, приводящее к тому, что они обращены одной и той же стороной к Марсу, предположим, что указанные спутники не имеют свойства вращаться вокруг своей собственной оси. Они обращены к Марсу одной длинной стороной, потому что гравитация Марса как бы прикрепила их неподвижно и влияет на них только поступательно, двигая по орбите. Такая картина наблюдается со спутником Земли Луной и планетой Меркурий в отношении Солнца. Анализ имеющихся данных в отношении указанных объектов солнечной системы выделяет факт отсутствия у них собственного магнитного поля.

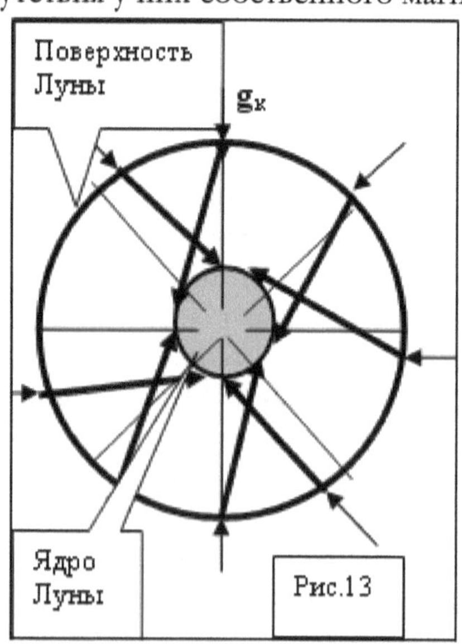

Рис.13

Если планета не имеет собственного магнитного поля, тогда она, независимо от мощности гравитационного потока, не может вращаться вокруг собственной оси. В этом случае, гравитационный поток хаотично проникает (см. рис.13) в направлении центра планеты и создает только притяжение, то есть давление, но ни в коем случае не может оказать вращательное воздействие.

Для правильности полученного утверждения сравним гравитационные параметры указанных небесных тел.

Установлено, что ускорение свободного падения на поверхности Луны в шесть раз меньше ускорения свободного падения на поверхности Земли и равно: g = 1,6348 м/сек^2. Отсюда с помощью формулы (3) определим гравитационную постоянную Луны:

$G_к = g \cdot R^2 = 1{,}6348$ м/сек$^2 \cdot 1738000^2$ м = $4{,}938 \cdot 10^{12}$ м^3/сек^2,

Для Луны $r = \varphi \cdot R = 0{,}1960 \cdot 1738000$м = 340648 м.

Определим возможную скорость вращения ядра

$V = \sqrt{(G_к / R)} = \sqrt{(4{,}938 \cdot 10^{12}}$ м^3/сек / 340648м) = 3807 м/сек,

при этом оно за 562 сек. или 9,36 мин. должно совершит один оборот, что было бы на 4200 раз быстрее периода вращения поверхности Луны относительно Солнца, если считать, что Луна делает один оборот вокруг своей оси за месяц.

Разница в скоростях вращения внутреннего ядра и поверхности у Земли - 196,54 раз, у Марса - 174,67 раз, у Юпитера - 38,49 раз. С учетом разницы ускорений свободного падения, радиусов указанных планет и соотношений скоростей поверхности и внутреннего ядра, а также периода вращения внутреннего ядра можно предположит, что соотношение скоростей Луны должно быть не более 300. Большая разница в расчете скоростей вращения Луны – 4200 раз показывает, что в передаче скорости вращения ее внутреннего ядра к поверхности происходит непонятное торможение, которое в целом и не реально. Единственно правильным объяснением может быть отсутствие вращения внутреннего ядра. Такая картина наблюдается и у Меркурия.

Луна не имеет собственного магнитного поля, в результате чего лунная гравитация проникает в ее тело хаотично, то есть не направленно. Поэтому она не способна вращать планету вокруг своей оси, а также искусственных спутников на орбите, которые со временем теряют скорость и падают на нее. Лунной гравитации не противостоит центробежная сила вращения Луны, (например, у Земли есть центробежная сила вращения), в результате лунная порода сжата максимально и находится в гравитационно-напряженном и резонансном состоянии, при этом имеет большую плотность вещества.

Наблюдаемый при искусственном лунотрясении не затухающий сейсмозвон, является эффектом резонанса гравитационно сжатой породы[5], результатом отсутствия вращения Луны вокруг своей оси. Сравнение образцов лунной породы с земной показали, что они соответствуют на различных уровнях гравитационного давления. Например, в 1970-х годах советские станции доставили на Землю несколько сот граммов лунного грунта. Вещество разделили между собой ведущие научные центры страны, чтобы провести независимые анализы. Крошечный образец достался и Кольскому научному центру сверхглубокой скважины. Когда ученые-специалисты исследовали лунный грунт, он оказался один к одному диабазом из их скважины, с глубины 3 км. Тут же возникла гипотеза, что Луна оторвалась не иначе, как от Кольского полуострова примерно 1,5 млрд. лет назад — таков возраст диабазов.[4]

Состояния лунного грунта в условиях Луны и Земли отличаются друг от друга. Американские астронавты Чарли Дюк из «Аполлона-16» и Джек Шмидт из «Аполлона-17», побывавшие на поверхности Луны, заявляли, что проникшая во внутрь космического модуля вместе о скафандром лунная пыль, пахла как пороховой дым. Однако, уже в лаборатории НАСА на Земле образцы лунного грунта не имели никакого запаха. Возможно, причина такого свойства лунного грунта кроется только в отличии гравитационной среды их нахождения. Разница притяжения в шесть раз на соседях-планетах является причиной проявления разных свойств одной и той же породы, а также органов чувств человека.

Венера – единственная планета из солнечной системы, которая отличается направлением вращения вокруг собственной оси. Когда все планеты солнечной системы, кроме Меркурия, вращаются вокруг собственной оси против часовой стрелки, только Венера вращается в обратном направлении. Такое неординарное поведение Венеры объясняется тем, что полярность ее магнитного поля расположена в противоположном направлении, чем у других планет. Из-за такого поведения магнитного поля Венера испытывает трудности во вращении вокруг своей оси и вращается по часовой стрелке.

3.4. Влияние магнитного поля на гравитацию или определение с помощью постоянных магнитов отсутствия потоков «гравитонов» со стороны ядра Земли

Если, утверждение об экранировании центральным ядром Земли потоков «гравитонов», в результате которого образовывается земное гравитационное притяжение, верно, тогда на экспериментах с магнитами можно проверить отсутствие потоков «гравитонов» со стороны ядра Земли.

Дело в том, что эффект притягивания и отталкивания постоянных магнитов, автором рассматривается как сила, образованная под воздействием «гравитонов» на магниты. В ходе эксперимента установлена, что сила, создаваемая потоками «гравитонов» в горизонтальной плоскости, образующая силу притягивания и отталкивания двух магнитов, оказалась больше, силы притягивания и отталкивания тех же магнитов в вертикальном положении. Для расчета указанной разности сил притягивания и отталкивания постоянных магнитов, использованы два постоянных квадратных магнита.

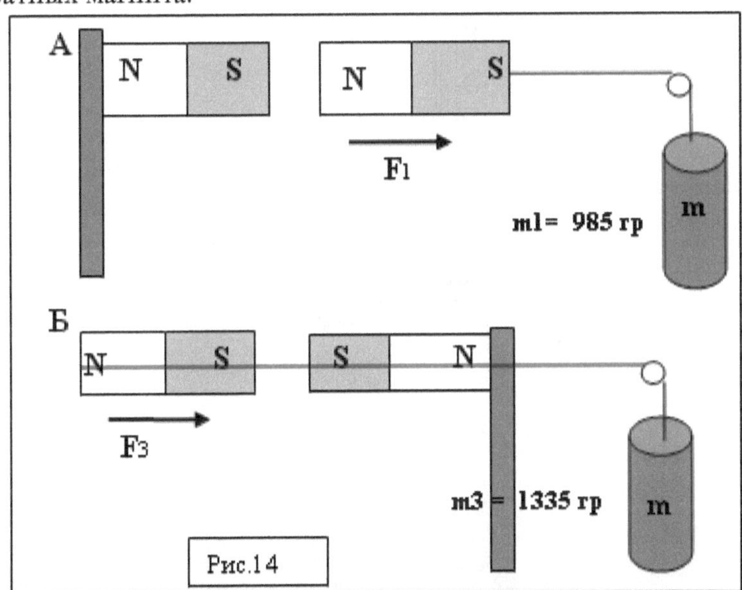

Рис.14

В этих положениях магнитов, как показано на рисунках 14 и 15, получим разность воздействия «гравитонов», направленных в двух плоскостях. Как изложено выше, в вертикальной плоскости со стороны центрального ядра Земли поток «гравитонов» имеет некоторое ограничение, экранированное центральным ядром нашей планеты.

Сначала в горизонтальном положении измеряем вес груза, заставляющего оторваться два прилипших магнитов (А на рис.14). В этом положении магнит отрывается только за счет силы, образуемой весом груза (F=mg). На отрыв прилипших магнитов в горизонтальном положении требуется масса m_1 = 985г, а для преодоления силы отталкивания (Б на рис.14) – m_3 = 1335г. В вертикальном положении (А на рис.15), к весу груза добавляется и вес самого падающего магнита 40 гр. ($F = (m + m_м)g$). Измерение весов в случаях прилипания и отталкивания магнитов дает следующие показания $m_2 = m + m_м = 760 + 40 = 800$г, $m_4 = m + m_м = 1110 + 40 = 1150$г.

Отсюда вычисляем силы, действующие на магниты по притягиванию:

$F_1 = mg = 985$ г · 9,81 м/сек^2 = 9663 г м/сек^2

$F_2 = mg = 800$ г · 9,81 м/сек^2 = 7848 г м/сек^2

Силы, действующие на магниты по отталкиванию равны:

$F_3 = mg = 1335$ г · 9,81 м/сек^2 = 13096 г м/сек^2

$F_4 = mg = 1150$ г · 9,81 м/сек^2 = 11281 г м/сек^2

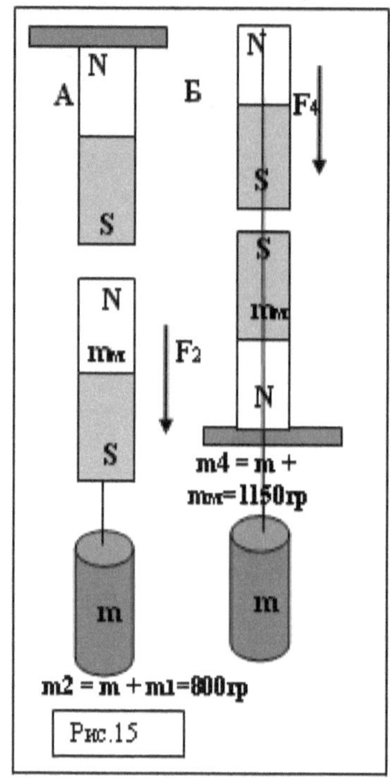

Рис.15

Разность указанных сил, в горизонтальном и вертикальном положений, даст ту разницу, которая образуется в результате отсутствия потоков «гравитонов» со стороны ядра Земли. Для отрыва прилипших магнитов эта разница равна:

$F_1 - F_2$ = 9663 г м/сек^2 - 7848 г м/сек^2 = 1815 г м/сек^2

Для преодоления отталкивания магнитов эта разница равна:

$F_3 - F_4$ = 13096 г м/сек^2 - 11281 г м/сек^2 = 1815 г м/сек^2

В обоих случаях разница сил равна F = 1815 г м/сек^2.

Необходимо учесть, что при массе магнита 40 граммов, разница массы груза в вертикальном и горизонтальном положениях 185 граммов, превышает 4,6 раза.

Результаты проведенного эксперимента свидетельствуют, что эффекты притяжения и отталкивания магнитов строго связаны воздействием потоков «гравитонов», так как в вертикальных и горизонтальных плоскостях дают ощутимую разницу. Без влияния потоков «гравитонов» этот эксперимент объяснить не возможно.

Данный эксперимент также свидетельствует, что поток «гравитонов» со стороны ядра Земли отсутствует, в результате чего на поверхности Земли образуется притяжение. Однако, главным доказательством указанного эксперимента является то, что на направление движения потока «гравитонов» оказывает сильное влияние магнитное поле. [51]

3.5. Изменение направления потоков «гравитонов» в постоянном магните

Эффект притяжения и отталкивания двух магнитов происходит благодаря воздействиям «гравитонов». «Гравитоны», как известно, имеют способность пронизывать любое тело, равномерно распространены во всех уголках вселенной и пролетают в самых разных направлениях.

Таким образом, постоянного магнита в разных направлениях пронизывают летящие навстречу друг другу «гравитоны», которые, попадая в зону действия магнитного поля, строго ориентируются своими энергетическими полюсами. При прохождении в плоскостях параллельной и перпендикулярной магнитному полю в теле постоянного магнита, где напряженность магнитного поля достигает максимального значения, направления их движения становятся строго параллельными. В параллельном направлении к оси магнитного поля плотность потоков «гравитонов» увеличивается путем их сужения вокруг осевой линии (е-г-ж-н-м-п). Для сравнения - «гравитоны» в теле немагнитов проходят без изменения направления движения (рис.16).

В то же время, «гравитоны», поступающие в магнит с боковых сторон (а-в рис.16), то есть в поперечном направлении к осевой линии магнитного поля, при проникновении в тело магнита переориентируются и совершают «кувырок» на 180 градусов (рис.16). Имея спин 2, «гравитон» перестраивается со своими энергетическими полюсами в соответствии с силовыми линиями магнитного поля в теле магните. Далее «гравитон» стремится самым коротким путем к осевой линии магнитного поля. В результате, несмотря на различный угол падения каждого «гравитона» на боковую поверхность магнита, в теле магнита «гравитон» имеет направление движения строго перпендикулярное к осевой линии магнитного поля (в-с рис.16). При выходе из магнита «гравитон» вновь совершает «кувырок» и принимает первоначальное направление движения. (с-д). Этот процесс имеет важную роль в свойствах магнита, так как характеризует его способность смещать поток «гравитонов» на всю толщину магнита.

Такое изменение направления движения «гравитонов» в теле постоянного магнита образует полное смещение на толщину магнита в соответствующих плоскостях магнитного поля. Однако, общее результирующее действие противоидущих «гравитонов» на постоянный магнит уравновешено (g + -g = 0) , так как количество и направление «гравитонов», поступающих на поверхность магнита (+g), соответствуют количеству и направлению выходящих через магнит «гравитонов» (-g), то есть (g = g). Единственное изменение все «гравитоны» претерпевают путем параллельного смещения по плоскостям магнита. В результате, все изменения потоков «гравитонов» происходят только в теле постоянного магнита, а за его пределами сохраняют равномерное распределение как в окружающем пространстве. Поэтому магнитное поле одного магнита не способно создавать вокруг себя эффект притяжения и отталкивания. Для образования таких эффектов необходимо наличие другого магнита или объекта обладающего магнитным полем.

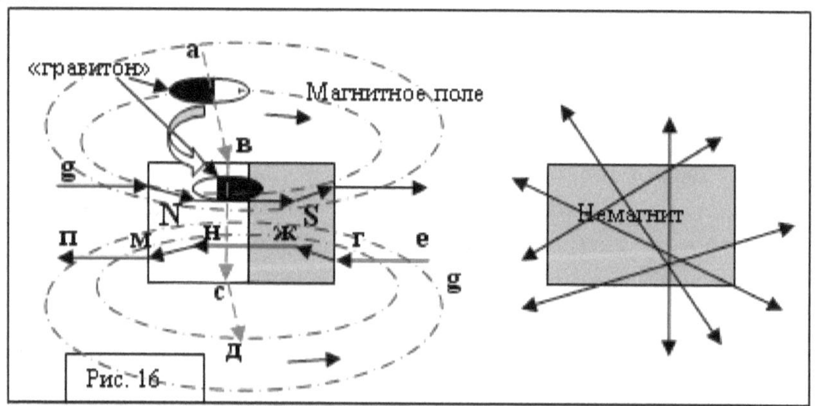

Рис. 16

Постоянный магнит играет такую же роль оптической призмы, преломляющей поток света, и способствует изменению направления потока «гравитонов». Этот эффект играет важную роль в поведении «гравитонов» и является одним из главных свойств общей гравитации. На этой основе Большой адронный коллайдер для управления субатомными частицами использует мощные магнитные поля.[51]

IV. Основные характеристики гравитации

4.1. Механизм воздействия «гравитонов» с веществом

В целом гравитация имеет уникальные свойства, которых трудно объяснить существующими законами физики. Одним из таких ее свойств является процесс взаимодействия гравитации с атомом вещества, который, по сути, является основным отличием природы влияния гравитации. «Гравитоны» пронизывают любое вещество как гамма и бета лучи, но с абсолютной пронизывающей способностью.

Влияние гравитации на тела с разной массой имеет одинаковый характер, объясняемый, возможно, механизмом воздействия гравитации на атомы вещества. Однако, общее воздействие гравитации на тела с разной массой характеризуется пропорционально их массам.

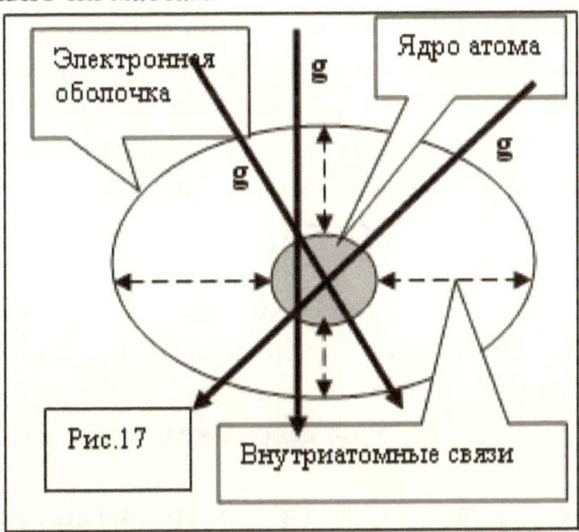

Рис.17

Как показано на рисунке 17 гравитация, то есть «гравитоны» взаимодействуют с веществом на уровне атома. Взаимодействие и передача кинетической энергии «гравитонов» производится непосредственно на ядро атома, которое посредством внутриатомных связей передается электронной оболочке, далее всему телу. Когда гравитация сильно прижимает ядро к электронной оболочке, оно непосредственно через внутриатомные связи оказывает давление на электронную оболочку.

Регулирующим механизмом процесса передачи воздействия гравитации веществу, в целом являются внутриатомные связи. В результате, гравитация передает свою энергию воздействия непосредственно каждому ядру атомов вещества, независимо от их величины, количества и атомной массы. Электроны, сталкиваясь с носителем гравитации, меняют свое направление движения, однако остаются на своей орбите. При этом все атомы в одном веществе, независимо от их количества и объема вещества получают одинаковое воздействие гравитации и одинаковое ускорение падения. Их суммарное общее воздействие зависит от массы тела с одинаковым ускорением падения. В зависимости от характера влияния, то есть силы и времени гравитационного влияния, электронная оболочка может принимать сплющенный овальный вид.

Ускорение падения каждого тела в сторону Земли прямо зависит от количества «гравитонов», пронизывающих ядро тела, то есть от плотности потока «гравитонов». Только плотность потока «гравитонов» определяет объем воздействия на тело, что означает, каждый уровень плотности потока «гравитонов» одинаково действует на все атомы, независимо от их массы ядра. Если уровень плотности потока «гравитонов» уплотняется, тогда все атомы разных элементов сложного вещества получат одинаковое воздействие.

Состояние внутриатомных сил, образующееся в результате взаимодействия с гравитацией, определяет внешние свойства атома и вещества в целом, способствует слиянию или разделению сложных атомов, проявлению свойства изотопов и радиоактивности атомов, а также изменению качества их электромагнитных излучений. Радиоактивный распад – результат последствия уменьшения гравитационного влияния, который приводит к разделению и распаду нуклонов ядер тяжелых элементов.

4.2. Уровень влияния плотности гравитации на тела, его колебание

Уровень влияния плотности гравитации (УВПГ) – это свойство гравитации кинетический воздействовать на материальное тело, зависящее от расстояния до поверхности своего сосредоточения, выраженное количеством наклонных потоков гравитации. Влияние плотности гравитации в телах создает ускорение свободного падения - g. Ускорение свободного падения -

это последствие влияния гравитации на свободное тело, которое принимает равноускоренное движение в сторону направления гравитации.

При этом, уровень влияния плотности гравитации Земли пропорционально растет ближе к центру Земли, ускоряя скорость свободного падения тел. Ускорение свободного падения применимо к телам, свободно падающим на поверхность Земли, а уровень влияния плотности гравитации применяется ко всем космическим телам и объектам, независимо от их массы и объема, в том числе находящимся в состоянии равновесии на орбите.

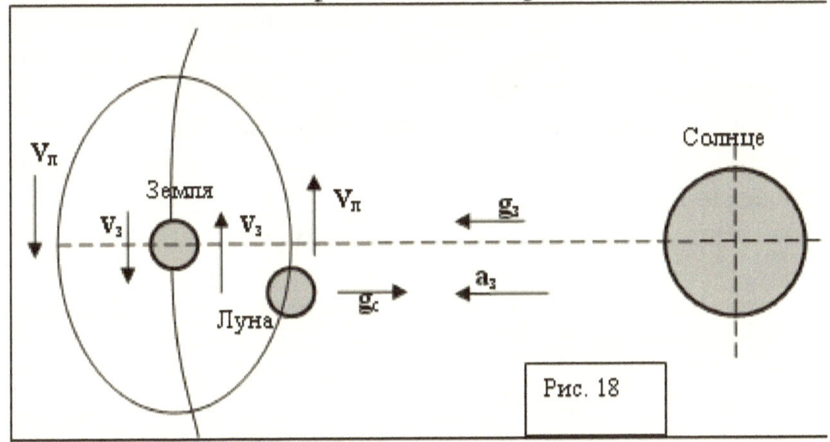

Рис. 18

На поверхности Земли или в космосе УВПГ определяется по формуле:

$$g = G / R^2$$

где G – гравитационная постоянная Земли, R – расстояние от центра гравитационного притяжения до объекта, g – уровень влияния плотности гравитации на объект.

Солнечная гравитация влияет на поверхность Земли по-разному, так как Земля вращается вокруг собственной оси с определенной скоростью (см. рис.18). Днем поверхность Земли вращается и движется со скоростью $V_з$ против направления движения Земли по орбите, а ночью, наоборот, в сторону направления движения по орбите. Такое относительное изменение скорости движения поверхности Земли днем уменьшает суммарное ускорение свободного падения на земной поверхности на g_c = 0,005898 м/сек^2, ночью увеличивает на такую же величину.

В результате, поверхность Земли ночью испытывает суммарное влияние потока гравитации Земли и Солнца, при этом центробежная сила $a_з$ там относительно Солнца суммарно увеличивается. Днем на поверхность Земли влияние земной гравитации уменьшится, так как вступает в противодействие с солнечной гравитацией, вместе с ним уменьшится центробежная сила относительно Солнца, что приведет к поднятию поверхности Земли.

Такое постоянное периодическое колебание поверхности Земли снимает упругие напряжения в недрах Земли, предотвращая сейсмические явления на поверхности, при этом она, как живой организм периодически дышит и пульсирует. Указанное колебание поверхности Земли отражается на всех биохимических и физиологических процессах в ней, в том числе погодных.

Точно также, уровень плотности собственной гравитации на видимой и невидимой поверхности Луны колеблется из-за влияния гравитации Земли в пределах 1,63214 до 1,63746 м/сек., то есть на 0,00532 м/сек. или 0,16% от уровня влияния плотности лунной гравитации на собственной поверхности. Однако, отсутствие центробежной силы на поверхности Луны проявляется в изменении формы самой Луны. В результате УВПГ Луны колеблется:

$g = 1{,}6348$ м/сек$^2 \pm 0{,}00266$ м/сек^2

Лунная гравитация также оказывает влияние на земную гравитацию на поверхности Земли.

$g_з \pm g_л = 9{,}81$ м/сек$^2 \pm 0{,}00003349$ м/сек$^2 = 9{,}80996651$ и 9,81003349, то есть 0,00006698 или 0,0000068% от уровня плотности земной гравитации на собственной поверхности. Если сравнить влияние уровня плотности гравитации Луны и Земли друг другу

$g_з = 0{,}0027$ м/сек^2 / $g_л = 0{,}00003349$ м/сек^2 = 80,6 раз меньше.

Незначительное колебание лунной гравитации не оказывает катастрофических влияний на поверхности Земли. Всем известно, что влияние лунной гравитации на поверхности Земли проявляется в виде приливов и отливов в морях и океанах, поднимая поверхность воды до десяти метров в зависимости от глубины воды и угла падения потоков гравитации. При этом лунный прилив проявляется не на всей поверхности Земли, а только на том участке, где падает, как бы, тень от центрального участка Луны (белая полоса на рис.3 в первой части и приливной горб на рис. 7). Именно на этом участке, в связи с уменьшением уровня влияния плотности гравитации, земная центробежная сила выдавливает породу, воду и воздух. Установив уровень подъема прилива и глубину на месте прилива, на экваторе можно вычислить характер влияния лунной гравитации с точными размерами увеличения объема.

Разница в 80,6 раз между влияниями земной и лунной гравитации оказывает сильное влияние нашему спутнику и проявляется в форме Луны. В момент полного освещения, когда гравитации Земли и Солнца суммарно влияют на Луну, форма последней становится похожей на грушу. В этот момент с Земли иногда можно видеть дополнительные участки лунной поверхности, почти три пятых лунного глобуса. На ее обратной стороне находится выемка гигантских размеров – диаметром 2500 км (2/3 диаметра самой Луны) и глубиной 12 км, образованная отсутствием лунного гравитационного давления со стороны Земли на видимую поверхность Луны (см. рис.3 и 7). Диаметр окружности указанной выемки строго соответствует диаметру внутреннего ядра Земли, так как большое расстояние между Землей и Луной способствует прохождению потоков земной гравитации почти параллельно. Если бы на Луне был океан или атмосфера, возможно, вся вода и воздух собрались бы на ее видимой стороне, потом их высосала бы Земля. [57]

Влияние солнечной гравитации на Землю отличается от влияния земной гравитации на Луну, так как Земля вращается вокруг своей собственной оси и вокруг Солнца и центробежная сила уравновешивает гравитационное влияние Солнца, в связи, с чем мы не наблюдаем приливы и отливы, связанные с воздействием солнечной гравитации (см. рис.18).

Ощутимое отклонение уровня влияния плотности гравитации происходит во время лунного затмения. Как известно, данное явление происходит, когда Земля окажется в одной линии между Солнцем и Луной. В этой ситуации Луна будет заслонена Землей не только тенью, но и от потока гравитации. В этот момент на солнечной, то есть, на дневной стороне Земли уровень гравитации уменьшится незначительно, а на ночной стороне Земли, на участке, где наблюдается затмение, полностью отпадает гравитационное притяжение Луны, которое равно на 0,00003349 м/сек^2. На видимой затененной стороне Луны, уменьшение влияния плотности гравитации уменьшится на 0,00266 м/сек^2. Огромная разница в 80,6 раз таких колебаний заметно влияет на рельеф лунного ландшафта.

4.3. Скорость распространения гравитации

Значительные трудности в физике возникли и с объяснением скорости распространения гравитационного взаимодействия тел. В соответствии с законом Ньютона скорость распространения гравитации бесконечно велика, возмущение передается мгновенно. Это непосредственно вытекает из самого выражения закона:

формула статична, в ней отсутствует запаздывание. В свое время на это обратил внимание П. С. Лаплас, который на основании анализа вековых ускорений Луны сделал вывод о том, что скорость распространения гравитации конечна, но велика, не менее, чем в 50 миллионов раз выше скорости света. Скорость света к тому времени была уже хорошо известна благодаря работам О. К. Ремера (1676 г). и Дж. Брадлея (1728 г). Последнее обстоятельство, вообще говоря, неплохо подтверждается всем опытом небесной механики, оперирующей исключительно статическими формулами, вытекающими из законов Ньютона и Кеплера, то есть молчаливо исходящей из предположения о том, что скорость распространения гравитации значительно превышает скорость света.

Следует отметить, что уже Лапласом показано, что даже на расстоянии Земля - Луна (380.000 км или 1,3 секунды по времени распространения света) запаздыванием распространения гравитации вообще-то пренебрегать было бы нельзя: слишком большие ошибки в вычислениях положения Луны накопятся со временем. Что же тогда говорить о расстояниях между другими планетами?!

Общая теория относительности (ОТО) по-иному поставила проблему и применительно к первому, и применительно ко второму вопросам. Тяготение по ОТО объясняется «кривизной пространства», возникшей вследствие наличия в нем гравитационных масс. «Чего ради пространство «искривляется», если в нем эти массы наличествуют, в чем заключается механизм искривления», ОТО не разъясняет. По ОТО скорость распространения гравитации равна скорости света, что находится в полном противоречии с вычислениями Лапласа. Однако никаких пересчетов этих данных сторонники ОТО никогда не делали. И другим не советовали.[50]

Поведение и свойства «гравитона» сильно отличаются от «фотона». Имея всепроникающее свойство, «гравитон» показывает, что его скорость распространения гораздо выше скорости распространения света. Только одно «Красное смещение» в распространении света свидетельствует, что скорость света значительно уступает скорости гравитации.

4.4. Вертикальные и наклонные потоки гравитации

Как известно, уровень влияния плотности гравитации с приближением к поверхности Земли возрастает. Такая картина наблюдается и у других планет. С чем связана такая характеристика гравитации, и как можно объяснить механизм такого воздействия?

Согласно предлагаемой мною модели образования гравитации, поток «гравитонов» направлен на поверхность внутреннего ядра Земли, где они прекращают свое существования. Однако внутреннее ядро нашей планеты не является точечным и имеет диаметр 2500 км. Данное обстоятельство прямо отражается в характеристике гравитационных потоков. Как показано на рисунке 19, на поверхности Земли поток «гравитонов» $g_в$, g_1 и g_n, направленные под определенными углами, создают общее гравитационное давление на поверхности Земли. Кроме $g_в$, остальные g_1 и g_n являются составляющими наклонными потоками гравитации. Последние взаимно уравновешены, так как направлены под одинаковыми углами от вертикального потока и в целом создают общее давление в одном направлении.

При удалении от внутреннего ядра угол отклонения уменьшается, то есть φ => 0, при этом пропорционально уменьшается количество наклонных составляющих потоков общей гравитации. С удалением от Земли на любое расстояние, где наклонные потоки гравитации отсутствуют, уровень вертикального потока $g_в$ не изменится. Сила и объем вертикального потока $g_в$ везде и всегда одинаковы и являются равными каждому наклонному потоку гравитации. Только вертикальные потоки гравитонов ($g_{вп}$), параллельно направленные на поверхность внутреннего ядра Земли, составляют основной поток земной гравитации и сохраняют свою плотность и уровень влияния на любом расстоянии от Земли.(рис. 19)

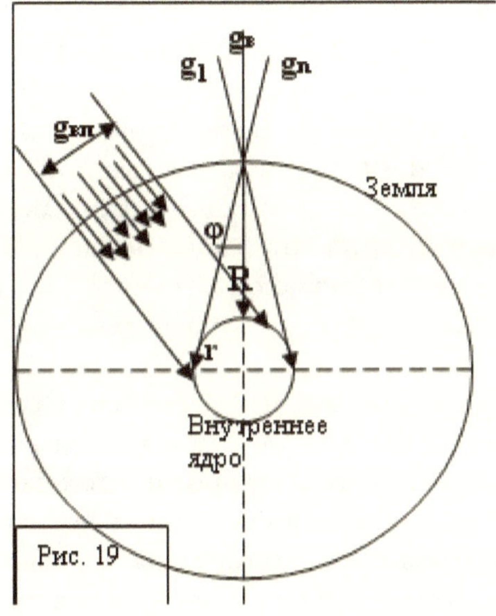

Рис. 19

Количество угла наклонных потоков можно приблизительно вычислить по следующей формуле (рис.11):

$$\varphi = r / R \qquad (10)$$

где r – радиус внутреннего ядра, R – радиус Земли, φ –угол наклонных потоков.

$$\varphi_1 = 1250000 \text{ м} / 6378000 \text{ м} = 0{,}196 = 11{,}3^{\circ},$$

однако на всю поверхность внутреннего ядра получим $22{,}6^{\circ}$.

На поверхности Земли уровень влияния плотности гравитации составляет 9,81 м/сек^2, которое соответствует $22{,}6^{\circ}$ наклонных потоков.

Если возьмем, что на расстоянии, большей на 1 млн. раз радиуса Земли, угол наклона потока гравитации приблизится к 0, тогда можно принять, что потоки гравитации становятся параллельными и сохранится только вертикальные потоки. В таком случае:

$\varphi_2 = 1250000 \text{ м} / 1250000000000 \text{ м} = 0{,}000001 = 0{,}0000573^{\circ}$, на весь диаметр внутреннего ядра равна $0{,}0001146^{\circ}$. При таком угле количество наклонных потоков почти равно 0. Тогда какой будет уровень влияния плотности гравитации при таком угле. Это можно определить следующим образом:

$$g_1 / \varphi_1 = g_x / \varphi_2, \text{ отсюда}$$

$$g_{вп} = g_x = g_1 \varphi_2 / \varphi_1 = 9{,}81 \text{ м/сек}^2 \; 0{,}0001146^{\circ} / 22{,}6^{\circ} = 0{,}0000497 \text{ м/сек}^2 = 497 \cdot 10^{-7} \text{ м/сек}^2$$

Получается, что $\mathbf{g_x}$ меньше $\mathbf{g_1}$ в 197207 раз.

Уровень влияния плотности гравитации Земли $g_{вп} = 497 \cdot 10^{-7}$ м/сек^2 является самой минимальной постоянной и сохраняется на любом расстоянии от Земли. Такой уровень влияния плотности вертикальной гравитации является постоянной во всех угольках вселенной и характерен для гравитации всех планет и звезд. Вместе с тем, в пространстве, вдали от планет и звезд, все вертикальные потоки гравитации составляют фоновую среду, где влияние каждого равного вертикального потока уравновешено противоидущим вертикальным потоком.

Вертикальные гравитационные потоки солнечной системы, куда входят Солнце и все планеты, могут составить отличающиеся от фоновой среды гравитационное притяжение. Однако, при выходе из солнечной системы и удалении от нее данное притяжение ослабевает и увеличивается притяжения близлежащих галактик. Аномалию «Пионеров» можно объяснить таким положением –

выходом их из пространства общего притяжения солнечной системы и попаданием в поле притяжения других галактик.

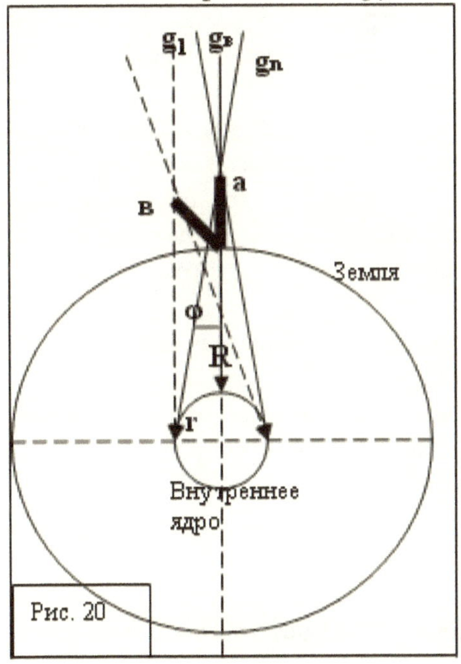

Рис. 20

На поверхности Земли тело в состоянии покоя находится в равновесии (**а**) и принимает вертикальное положение (рис.20). В этом состоянии наклонные потоки гравитации $\mathbf{g}_1$ и $\mathbf{g}_n$ взаимно уравновешены. Как только тело наклоним в одну из сторон (**в**), нарушается равновесие воздействия наклонных потоков $\mathbf{g}_1$ и $\mathbf{g}_n$. Вертикальное тело выйдет из состояния покоя и начинает падать в сторону отклонения. На дальних расстояниях от Земли, где отсутствуют наклонные потоки гравитации, тело в любом состоянии принимает вертикальное положение и его не возможно вывести из состояния равновесия.

На простых примерах эффект наклонных потоков гравитации можно объяснить так. Отражатель ручного осветительного фонаря способствует собиранию прямых (вертикальных) лучей света лампочки и образованию множество наклонных лучей, которые на определенном расстоянии фокусируются в одной точке. В результате образуется усиленный поток луча света, состоящий из множества прямых лучей, мощность которого зависит от качества отражателя.

На основании полученных данных можно считать, что уровень влияния плотности гравитации на поверхности Земли g = 9,81 м/сек^2 можно принять за единицу, а на других расстояниях производным от единицы. То есть, ниже поверхности Земли УВПГ увеличивается, а выше – уменьшается.

Все это убедительно доказывает, что уровень влияния плотности гравитации никогда не зависит от массы тела, а связано только от объема внутреннего ядра планет и звезд, где происходит термоядерный синтез. Тела, не имеющие ядро с термоядерным синтезом, не обладают собственной гравитацией.

4.5. Отклонение направления движения гравитации в мантии Земли

Как выше было определено, гравитация с проникновением в мантию Земли изменяет свое направление в сторону вращения планеты. Проникая в плотные слои мантии поток гравитации отклоняется все сильнее. Как показано на рисунке 21, в таком случае поток гравитации $\mathbf{g_n}$ выходит за пределы внутреннего ядра, и минуя его, уравновешивается идущим навстречу потоком гравитации. Тогда справедливо возникает необходимость влияния потока гравитации $\mathbf{g_o}$. Однако, указанный поток гравитации в мантии также уравновешен идущим навстречу потоком гравитации. Остаются потоки гравитации $\mathbf{g_в}$ и $\mathbf{g_1}$, которые оказывают внутреннему ядру вращающее воздействие. При этом $\mathbf{g_в}$ также вращает массу мантии, а $\mathbf{g_1}$ тормозит вращение мантии. В результате внутреннее ядро Земли вращается большой скоростью, а жидкая мантия – медленнее и синхронизация их скоростей не удастся никогда. Указанные вращения на разных уровнях, с разными скоростями, порождают множество динамических течений, которые превращают кинетическую энергию центрального ядра на электромагнитную.

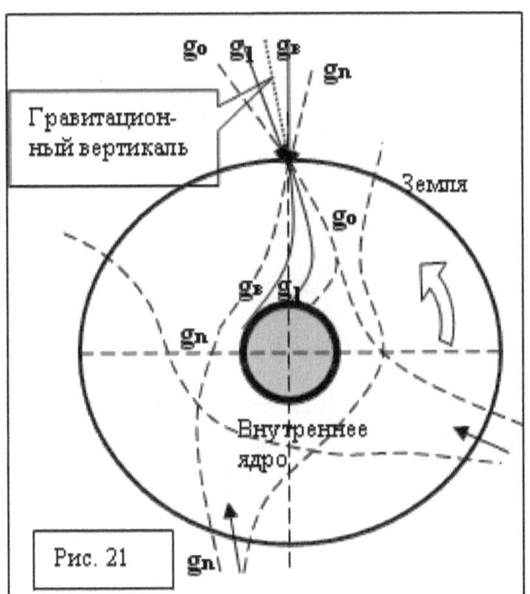

Рис. 21

Указанный процесс свидетельствует, что гравитационный вертикаль немного отклонен в сторону вращения от вертикальной линии к центру планеты. Угол отклонения между $g_в$ и g_1 нам известен по формуле (10) и равен $11{,}3^o$. Гравитационный вертикаль проходит по середине указанных направлений потоков и равняется $5{,}65^o$. Получается так, что все мы ходим на Земле немного наклонившись в сторону востока от истинного вертикального положения, в результате мы сохраняем равновесие между тяготением и центробежной силой.

4.6. Масса и инерция тела, их роль в гравитации

Массу тела образует количество находящихся в нем ядра атомов, в зависимости от атомной массы. Вес тела определяет уровень влияние гравитации, то есть вертикальных потоков «гравитонов» на ядро атомов тела в состоянии покоя. Инерционная масса тела проявляется в результате дисбаланса влияния противоидущих потоков «гравитонов» в состоянии нарушения покоя.

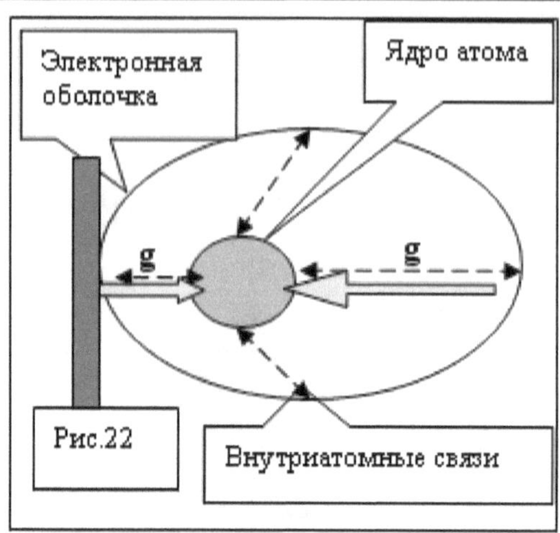

Рис.22

На рис. 22 показано, что при торможении или ускорении тела, вернее его атома, уравновешенное состояние противоидущих потоков «гравитонов» нарушается посредством влияния внутриатомных связей. При этом равное воздействие потоков «гравитонов» старается держать ядро атома на прежнем месте в атоме и в пространстве. Однако, внутриатомные силы резко затормозившей или сдвинувшей электронной оболочки атома, стремятся к уравновешенному состоянию в атоме, при этом проталкивают ядро к середину атома. Такой внутриатомный процесс приведет к нарушению уравновешенного состояния влияния потоков «гравитонов» на ядро. В результате, ядро под воздействием внутриатомных сил, с трудом преодолевая сопротивление встречного потока «гравитонов», занимает место в середине атома. Чем больше или массивнее атомов в теле, тем сильнее проявляется сопротивление потока «гравитонов».

Инерцию любого тела определяет влияние потоков «гравитонов». Если удастся изолировать атом от воздействия потоков «гравитонов» со всех сторон, состояние инерции в атоме не проявляется, то есть любое вещество может моментально менять направление движения, при этом его не заносят в сторону. Любое воздействие на электронную оболочку атома, в тот же миг посредством внутриатомных сил передается ядру, и оно всегда будет сохранять положение в центре атома.

Когда со всех сторон на ядро атома уравновешенно воздействуют потоки «гравитонов», ядро как бы крепко закреплено в центре атома и зафиксировано неподвижно. Если атом начинает движение в сторону, сначала перемещается электронная оболочка, а ядро остается на месте. Когда внутриатомные силы превысят силы воздействия уравновешенных потоков «гравитонов», ядро начинает движение в сторону перемещения электронной оболочки. Вот так проявляется инерция тела.

Вес тела и инерция тела отличаются друг от друга только способом воздействия потоков «гравитонов». Когда поток «гравитонов» действует на тело, при этом не имеет противодействующего потока «гравитонов» образуется вес тела, а при инерции на тело действуют уравновешенные, то есть взаимно противодействующие потоки «гравитонов», которые при перемещении тела в пространстве начинают терять свое равнодействие.

Расчеты показали, что уровень возникающей гравитации не зависит от объема и массы гравитирующего тела. Масса Луны 80 раз меньше массы Земли, тем не менее, уровень влияния плотности гравитации на поверхности Луны меньше от земного всего в 6 раз, что показывает независимости образования гравитации от массы гравитирующего тела.

Галилеем на опытах доказано, что тела с разной массой падают с одинаковой скоростью. Также установлено, что искусственные спутники с разной массой могут вращаться на одной околоземной орбите с одинаковой скоростью. На орбите Луны искусственный спутник может обращаться с такой же скоростью, как и Луна. В таком случае явно обнаруживается неравенство между массами Луны и спутника, которые, игнорируя это неравенство, будут обращаться синхронно. Все это свидетельствует о независимости влияния гравитации от массы тел и указывает на особенность и специфичность влияния гравитации на тела.

Тело под влиянием гравитации в состояниях покоя и свободного падения имеет разные свойства. При свободном падении тела, внутриатомные силы уравновешивают гравитационное влияние, установив ядро в центральном положении атома. Резкое торможение такого тела приводит к быстрому изменению положения ядро в атоме, что сопровождается выделением энергии. В состоянии покоя гравитационное свойство массы проявляется в виде веса.

Разность между космической и остаточной гравитационной постоянной дает тот уровень гравитационной постоянной, при котором вес материального тела на поверхности Земли увеличивается от 0 до максимума.

$$G = G_к - G_о = 398{,}6\ 10^{12}\ м^3/сек^2 - 1{,}37 \cdot 10^{12}\ м^3/сек^2 = 397{,}23\ 10^{12}\ м^3/сек^2$$

$$G / m = 397{,}23 \cdot 10^{12}\ м^3/сек^2 / 1000\ кг = 0{,}39723 \cdot 10^{12}\ м^3/сек^2\ кг,$$

то есть, каждому такому уменьшению гравитационной постоянной соответствует уменьшение веса на 1 килограмм тела с массой 1000 кг.

В то же время, в глубь земли вес указанного тела будет расти: $1,37 \cdot 10^{12}$ м^3/сек^2 / 0, 39723 $\cdot$ 10^{12} м^3/сек^2 = 3,449 раза, то есть ближе к центру Земли вес указанной массы будет равен 3449 кг.

4.7. Проверка правильности гравитационной постоянной планет

Согласно третьему закону Кеплера о равности объема расстояния Земли до Солнца к квадрату периода обращения по орбите - $H^3 = T^2$ находим соотношение радиусов обращения планет в кубе на гравитацию умноженный на период обращения в квадрате.

$$\Theta = R^3 / G T^2 \qquad (13)$$

Полученный коэффициент **Θ** для всех планет постоянный и дает соответствие гравитационной постоянной и ее расположенность к вращению и обращению спутников на орбите.

По установленным данным Юпитера:

$$\Theta = R^3 / G T^2 = 71880000^3 \text{ м} / 11,46 \cdot 10^{15} \text{м}^3/\text{сек}^2 \cdot 9,93^2 \text{ час} = 0,02533$$

где R – радиус Юпитера, G – остаточная гравитация Юпитера, T – период вращения Юпитера вокруг своей оси.

Установим коэффициент Θ для спутника Юпитера Ио при обращении по орбите:

$$\Theta = H^3 / G T^2 = 420000000^3 \text{ м} / 127,809 \cdot 10^{15} \text{м}^3/\text{сек}^2 \cdot 42^2 \text{ час} = 0,02535$$

где H – расстояние от центра Юпитера до орбиты спутника Ио, G – гравитационная постоянная Юпитера, T – период вращения Ио по своей орбите.

Расчеты для Земли:

$$\Theta = R^3 / G T^2 = 6378000^3 \text{ м} / 1,37 \cdot 10^{12} \text{ м}^3/\text{сек}^2 \, 24^2 \text{ часов} = 0,02537$$

где R – радиус Земли, G – остаточная гравитация, T – период вращения вокруг своей оси.

Для спутника Земли Луны при обращении по орбите:

$$\Theta = H^3 / G T^2 = 384000000^3 \text{ м} / 398,6 \cdot 10^{12} \text{ м}^3/\text{сек}^2 = 5563560038400 \text{ сек}^2 = 0,02553$$

где H – расстояние от центра Земли до орбиты Луны, G – гравитационная постоянная Земли, T – период вращения Луны по своей орбите.

Точно также проверим правильность соответствия гравитационной постоянной для центрального ядра Земли:

$\Theta = R^3 / G\,T^2 = 1250000^3$ м/398,6$\cdot 10^{12}$ м^3/сек^2 439,6^2 сек=1,953$\cdot 10^{18}$ м^3 / 77,028$\cdot 10^{18}$ м^3= 0,02535

Полученный средний коэффициент Θ = 0,02535 дает возможность проверить правильность гравитационной постоянной любого небесного тела, которое позволяет ему вращаться вокруг своей оси и обращаться спутникам по орбите.

Коэффициент Θ - 0,02535 - соотношение объема расстояния к гравитационной постоянной и квадрату периода обращения является постоянным для всех космических тел, имеющих собственную гравитацию, и характеризует справедливость применения в отношении их современной теории гравитации.

$$\Theta = R^3 / G\,T^2 = 0,02535 \qquad (13)$$

Отсюда можно вычислить гравитационную постоянную космических тел, при наличии данных о расстоянии и периоде обращения спутников, которая равна соотношению объема к квадрату периода обращения, умноженная к коэффициенту 0,02535.

$$G = R^3 / \Theta \cdot T^2 = R^3 / 0,02535 \cdot T^2 \qquad (14)$$

4.8. Особенности солнечной гравитации

Расчеты влияния гравитации на обращение планет по своей орбите и их вращение вокруг своей оси показали, что основой образования гравитации является центральное ядро гравитирующего тело, где проходит термоядерный синтез. В зависимости от объема центрального ядра планеты нашей солнечной системы и Солнце имеют своеобразные качества, отражающиеся на их основных характеристиках.

Благодаря сильной гравитации нашего центрального светила, все планеты обращаются по установленной орбите вокруг него. Для того, чтобы удержать планеты на разных орбитах Солнце должно иметь сильную и стабильную собственную гравитацию, которую легко можно вычислить по известной нам формуле. Период обращения планет и их расстояния до Солнца известны, поэтому гравитационная постоянная Солнца определяется по формуле (6):

$$G = R^3 / \Theta \cdot T^2 = R^3 / 0,02535 \cdot T^2,$$

отсюда вычисляем гравитационную постоянную:

по Меркурию $G = R^3 / 0,02535 \cdot T^2 = (580\cdot 10^8)^3$ м / 0,02535 $\cdot$ 7600167^2 сек = 133,25 $\cdot 10^{18}$ м^3/сек^2;

по Венере $G = R^3 / 0{,}02535 \cdot T^2 = (1080 \cdot 10^8)^3$ м / 0,02535 · 19394640^2 сек = $132{,}11 \cdot 10^{18}$ м^3/сек^2;

по Земле $G = R^3 / 0{,}02535 \cdot T^2 = (1500 \cdot 10^8)^3$ м / 0,02535 · 31536000^2 сек = $133{,}87 \cdot 10^{18}$ м^3/сек^2;

по Марсу $G = R^3 / 0{,}02535 \cdot T^2 = (2280 \cdot 10^8)^3$ м / 0,02535 · 59319216^2 сек = $132{,}87 \cdot 10^{18}$ м^3/сек^2;

по Юпитеру $G = R^3/0{,}02535 \cdot T^2 = (7780 \cdot 10^8)^3$ м / 0,02535 · 374016960^2 сек = $132{,}79 \cdot 10^{18}$ м^3/сек^2;

по Сатурну $G = R^3/0{,}02535 \cdot T^2 = (14260 \cdot 10^8)^3$ м /0,02535 · 929050560^2 сек = $132{,}52 \cdot 10^{18}$ м^3/сек^2;

по Урану $G = R^3/0{,}02535 \cdot T^2 = (28690 \cdot 10^8)^3$ м / 0,02535 · 2649339360^2 сек = $132{,}72 \cdot 10^{18}$ м^3/сек^2;

по Нептуну $G = R^3/0{,}02535 \cdot T^2 = (44960 \cdot 10^8)^3$ м/0,02535 · 5193979200^2 сек = $132{,}89 \cdot 10^{18}$ м^3/сек^2.

Средняя гравитационная постоянная Солнца $G = 132{,}87 \cdot 10^{18}$ м^3/сек^2 и является самой мощной в солнечной системе. Этот факт сам по себе доказывает о наличии у Солнца сильного магнитного поля и огромного центрального ядра.

При такой гравитационной постоянной и наличии магнитного поля, Солнце в обязательном порядке будет вращаться с определенной скоростью. Для обеспечения такой огромной гравитационной постоянной, Солнце должно иметь большое центральное ядро.

Учитывая, что нам известен коэффициент общей средней плотности космической гравитации $Ұ = R^2 / \pi r^2 = 8{,}29$ по формуле (9), можем установить диаметр центрального ядра Солнца, где R – радиус Солнца 696000 км.

Отсюда радиус центрального ядра

$r = \sqrt{(R^2 / Ұ \cdot \pi)} = \sqrt{(696000000^2 \text{ м} / 8{,}29 \cdot 3{,}14)} =$

$\sqrt{18609482685762141} = 136416577$ м, то есть 136416 км.

В таком случае, внутреннее ядро Солнца, имеющее диаметр 136416 км, должно вращаться с огромной скоростью, равной

$V_я = \sqrt{(G_к / r)} = \sqrt{(132{,}87 \cdot 10^{18} \text{ м}^3/\text{сек}^2 / 136416000 \text{ м})} = 986917$ м/сек,

при этом ядро за $T_я = 868{,}01$ сек или за 14,47 минут совершает один оборот. Имея такие характеристики, Солнце должно обязательно вращаться вокруг своей оси в сторону обращения планет. Однако, скорость вращения поверхности Солнца точно не установлена, так как это сильно зависит от того, что наше светило не имеет твердой поверхности, в связи, с чем, жидкая, кипящая и высокотемпературная мантия и поверхность имеет иной коэффициент передачи скорости вращения ядра. Вот почему скорость вращения поверхности Солнца до сих пор не установлена, так как бушующий огненный ураган хаотический меняет картину поверхности и не дает возможности провести наблюдения по определению зафиксированной скорости. Ориентировочно коэффициент передачи скорости не должно быть больше 100, поэтому с учетом формулы (8), можем вычислить скорость вращения поверхности Солнца.

$$Ə = (V_п / V_я) \cdot (T_п / T_я) = 5{,}1. \qquad (8)$$

отсюда

$$V_п = (Ə \; V_я) / 100 = (5{,}1 \; 986917 \text{ м/сек}) / 100 = 50332{,}77 \text{ м/сек}$$

При такой скорости поверхности $V_п = 50332{,}77$ м/сек, вычисляем период вращения Солнца вокруг своей оси:

$$T = C / V_п = 2 \pi R / 50332{,}77 \text{ м/сек} =$$

$$2 \pi \; 696000000 \text{ м} / 50332{,}77 \text{ м/сек} = 86839 \text{ сек} = 24{,}112 \text{ час}$$

Если мы вычислим уровень влияния плотности гравитации по формуле (4) чуть выше поверхности Солнца, можем представить картину на его поверхности.

$$g = G / R^2 = 132{,}87 \cdot 10^{18} \text{ м}^3/\text{сек}^2 / 696000000^2 \text{ м} = 274{,}29 \text{ м}/\text{сек}^2,$$

которое больше земного притяжения в 28 раз.

По сравнению с земным ускорением свободного падения солнечное ускорение окажется ураганным, в связи, с чем предположение о наличии водорода и гелия в свободном состоянии внутри тела нашего светила не внушает доверия. Скорее всего, указанные газы образуются в результате многоступенчатых распадов тяжелых элементов над поверхностью Солнца, при выбросе плазмы.

Данные, полученные при помощи космического аппарата «Улисс», показывают, что волны, зарождающиеся глубоко в недрах Солнца, заставляют Землю вибрировать в унисон, сообщает Европейское космическое агентство (ESA). «Улисс», космический аппарат, произведенный совместно NASA и ESA и запущенный в 1990 году для исследования Солнца и Юпитера, обнаружил соответствующие колебания на Солнце. Его данные подтверждаются наблюдениям земных обсерваторий. По мнению исследователей из ESA, во многих земных системах встречаются отчетливые колебания, которые часто считают случайным шумом, тогда как на самом деле они вызываются колебаниями Солнца.

Проведя статистический анализ большого массива данных, ученые обнаружили такие колебания в геологических структурах, а также в магнитном поле, атмосфере и даже в напряжении трансокеанских кабелей. Несмотря на то, что в атмосфере колебания принимают форму звуковых волн, человек их услышать не может. Частота таких волн не поднимается выше 5000 микрогерц, то есть примерно 18 колебаний в час, тогда как нижний порог слышимости составляет около шестнадцати герц.

Как колебания передаются от Солнца Земле, пока до конца не выяснено. Исследователи предполагают, что возмущения гравитационного поля, зарождающиеся в недрах Солнца, передаются солнечному магнитному полю, а далее солнечному ветру, который уносится в межпланетное пространство (где колебания и обнаружил «Улисс»). Далее магнитное поле солнечного ветра взаимодействует с магнитным полем Земли, колебания которого уже передаются самой планете.[53]

В рамках настоящей теории, это явление можно объяснить так. Активный термоядерный синтез, происходящий в Солнце, порождает колебания объема центрального ядра, что в свою очередь способствует колебанию уровня влияния плотности солнечной гравитации. Такой процесс, возможно, порождает аналогичные колебания во всех планетах и их спутниках в солнечной системе.

V. Основные свойства гравитации, ее носитель

5.1. Понятие и свойства гравитации

«Гравитацию не могут объяснить известные теории».

Р. Фейнман

Мною обобщены и проанализированы признаки и общеизвестные свойства гравитации. Так как носитель гравитации до сих пор наукой не установлен и не поддается изучению, некоторые свойства «гравитона» определены эмпирическим путем, в результате сопоставления со свойствами таких элементарных частиц, как электрон и фотон. Эти качества и свойства гравитации подробно изложены выше.

На основании полученных в ходе наблюдений и исследований данных, и их анализа можно сформулировать следующее:

1). Гравитация – поток направленных элементарных частиц - носителей гравитации, так называемых «гравитонов», возникающих и исчезающих в процессе термоядерного синтеза. «Гравитоны» проявляют свое гравитирующее свойство только в сторону отсутствия противодействующего потока «гравитонов». Направленный поток «гравитонов» является энергией и пронизывает любое материальное и нематериальное вещество, при этом передает им часть своей кинетической энергии. [I глава, 1.2.]

2). «Гравитон» взаимодействует с материальными веществами только на уровне атома и передает свою кинетическую энергию непосредственно ядру атома. При этом, он смещает ядро атома с центрального место расположения в атоме, которое отражается во внутриатомных, структурных и внешних пространственных свойствах атома. Изменив положение ядра в атоме, гравитация изменяет внутриатомные связи, которые отражаются во внешних свойствах атома и молекулы, таких как, инерция, электромагнитные излучения и др. [IV глава, 4.1. и 4.6.]

3). «Гравитоны» строго ориентируются своими вершинами в магнитном поле и отклоняют направление своего движения в аномальных зонах магнитного поля. При этом поток «гравитонов» может собраться в пучок или рассеиваться. Магнитное поле играет главную роль в ориентации «гравитонов» и субатомных частиц. Аномальные явления в магнитном поле создают такие же аномальные явления в потоке элементарных частиц. Аномальные зоны между двумя постоянными магнитами способствуют образованию эффектов притягивания и отталкивания с помощью «гравитонов». [III глава, 3.4.]

4). Проникая в материальное тело, гравитация создает в нем физическую силу для движения, вращения и уплотнения, а также пропорционально влияет на протекание химических, физических и биологических процессов в нем. Проникая в нематериальное тело, гравитация изменяет его состояние и свойства. [IV глава, 4.3. и 4.4.]

5). При прохождении через материальное и нематериальное вещества, гравитация, как свет, испытывает некоторое торможение, вследствие чего изменяет направление своего движения. При выходе из плотного материального тела, гравитация восстанавливает скорость своего распространения, в связи, с чем восстанавливает свое первоначальное направление движения. «Гравитон» ориентируется в магнитном поле, в связи с чем может проявлять направленное воздействие на материальное и нематериальное вещества. [II гл, 2.2.]

6). Источником возникновения носителей гравитации могут быть любые звезды и планеты, в центре которых происходит термоядерный синтез. Поток гравитации, испускаемый от своего источника, в расстоянии десятки парсек не обладает свойством взаимодействия. [VI глава, 5.2]

7). Поток гравитации, направленный в центр Земли, называется земной гравитацией и сосредоточивается на поверхности внутреннего ядра Земли, при этом уровень плотности ее потока возрастает ближе к центру сосредоточения. Земля не является источником носителей земной гравитации, только способствует сосредоточению чужих носителей гравитации в своем центре. [I глава, 1.2.]

8). Гравитационное взаимодействие между телами возникает в виде притяжения, орбитального обращения, вращения вокруг собственной оси, сжатия и расслабления их газовой, жидкой и твердой поверхностей. [II, III главы]

9). Гравитация создает поле притяжения вокруг гравитирующего тела, которое действует по касательной, направленной в сторону вращения и центра гравитирующего тела. Воздействие гравитации вокруг звезд и планет выражается в виде спиралевидного обращения тел на определенной плоскости и падением их в сторону вращения гравитирующего тела. [II глава,2.4.,2.6. и IV главы]

Притягивающее и вращательное свойства гравитации проявляются в направлении звезд, планет и космических тел, имеющих в центре зону термоядерного синтеза, которая выступает в роли экранирующего щита в пути противодействующего потока носителей гравитации и только при наличии собственного магнитного поля космического объекта.

Гравитация характеризуется уровнем влияния плотности гравитационного потока и объемом экранирующего центрального ядро планеты. Уровень влияния гравитации от массы и объема гравитирующего тела не зависит, а меняется в зависимости от расстояния до центра своего сосредоточения. Тела с разной массой и плотностью на одном уровне влияния плотности гравитации двигаются равным ускорением свободного падения.

10). Уровень влияния плотности гравитации (УВПГ) – это способность гравитации кинетический воздействовать на материальное и нематериальное тело. Влияние плотности гравитации придает телу ускорение свободного падения - g. Ускорение свободного падение характеризует свободное движение тела под влиянием гравитации. [IV глава, 4.2.]

11). Все свойства гравитации проявляются при свободном падении тела, то есть при нарастающем влиянии уровня плотности гравитации на тело. В свободном падении гравитация оказывает влияние на тело с отклонением от своего направления и величина отклонения гравитационного влияния зависит только от плотности материи тела. [IV глава]

12). Общий уровень влияния плотности гравитации на поверхности Земли состоит из вертикального и наклонных потоков гравитации. Наклонные потоки гравитации, направленные под определенным углом в сторону внутреннего ядра Земли, взаимно уравновешены и создают общее вертикальное направление воздействия. Уровень влияния плотности гравитации зависит от количества наклонных потоков и увеличивается с приближением к внутреннему ядру Земли. Уровень влияния плотности гравитации вертикального потока остается всегда и везде неизменной и является равной каждому наклонному потоку гравитации [IV глава 4.4]

Притяжение Земли, созданное земной гравитацией, в равновесии с центробежной силой удерживает на околоземной орбите Луну и искусственных спутников, отличающихся только скоростью и радиусом обращения вокруг Земли.

13). Гравитационная постоянная – мера объема гравитационного потока во времени, образованного вокруг звезд и планет, характерная и индивидуальная только для каждого из них. Она выражается трехмерным пространством и изменением времени, разложенным в прошлое, настоящее и будущее и является шестимерным. Космическая гравитационная постоянная характерна для каждого гравитирующего тела и зависит от объема его центрального ядра, где происходит термоядерный синтез. Физические и химические свойства материальной среды непосредственно зависит от величины гравитационной постоянной. [I глава, 1.4.]

14). Каждый космический объект, обладающий центральным ядром термоядерного синтеза, имеет свою гравитационную постоянную. Гравитационная постоянная зависит только от объема центрального ядра, способствующего поглощению и экранированию гравитационного потока и имеет тенденцию к постоянному уменьшению. Гравитационная постоянная не зависит от массы и объема гравитирующего тела. [I глава, 1.3.]

15). Изменение составляющих гравитационной постоянной происходит в прямой пропорциональности, то есть, если увеличивается пространство, тогда убыстряется время, если пространство уменьшается – время растягивается. Такое пропорциональное изменение составляющих гравитационной постоянной приводит к изменению пространственных и временных качеств материи и отражается в их свойствах. При этом, время влияет на свойства электромагнитных волн, а пространство – на свойства и структуру вещества, а в совокупности на биохимические реакции материи. Такие изменения в материальном мире происходит и при изменении самой гравитационной постоянной. [I глава, 1.3. и 1.4.]

5.2. Определение нейтрино как носителя гравитации

Гравитон — гипотетический квант-переносчик гравитационного взаимодействия — элементарная частица без электрического заряда со спином 2 и двумя возможными направлениями поляризации.

Несмотря на отсутствие в настоящее время полноценной теории квантовой гравитации, возможно квантование слабых возмущений заданного гравитационного поля. В рамках такой линеаризованной теории элементарным возбуждением и является гравитон. В результате чрезвычайной слабости гравитационного взаимодействия, экспериментальное обнаружение отдельных гравитонов в настоящее время не представляется возможным.

Гипотеза о существовании гравитонов появилась благодаря успеху квантовой теории поля (особенно Стандартной модели) в моделировании поведения остальных фундаментальных взаимодействий с помощью подобных частиц: фотоны в электромагнитном взаимодействии, глюоны в сильном взаимодействии, W и Z бозоны в слабом взаимодействии. По аналогии, за гравитационное взаимодействие также должна отвечать частица.

Однако, попытки расширить Стандартную модель гравитонами сталкиваются с серьёзными теоретическими сложностями в области высоких энергий (равных или превышающих планковскую энергию) из-за возрастающей бесконечности вследствие квантовых эффектов (гравитация не ренормализуется). Этому вопросу посвящено несколько предложенных теорий квантовой гравитации (в частности, теория струн). Согласно теории струн, гравитоны (также как и другие частицы) это состояния струн, а не точечные частицы, в этом случае бесконечности не появляются, в то же время, при низких энергиях их можно рассматривать как точечные частицы. То есть гравитон - это некоторое приближение к реальности, которое можно использовать в области низких энергий.

Носитель гравитации «гравитон» обладает всеми свойствами и качествами, принадлежащими загадочному нейтрино. Сравнение свойств «гравитона» и нейтрино показывает их идеальную идентичность: большая проницаемость, хаотичное присутствие во всех уголках вселенной, излучение и поглощение в термоядерном синтезе, слабое взаимодействие с веществами. По перечисленным свойствам ни одна из известных науке элементарных частиц, кроме нейтрино, не может претендовать на роль «гравитона».

Изучение нейтрино - это как раз то направление в ядерной физике, которое в настоящее время переживает настоящий бум. Гипотеза о существовании нейтрино была предложена в 1930г. Паули для того, чтобы «спасти» закон сохранения энергии в β^--распаде. Испускание вместе с электроном легкой, нейтральной, слабо взаимодействующей с веществом и потому не регистрируемой в опытах частицы обеспечивало сохранение энергии и момента количества движения в β^--распаде.

Нейтрино и антинейтрино образуются при распаде внутриядерных нуклонов. При β^- -распаде один из нейтронов внутри ядра превращается в протон, электрон и антинейтрино:

$$_0n^1 \equiv {}_1p^1 + {}_{-1}e^0 + \bar{\nu}$$

Электрон и антинейтрино вылетают из ядра, а протон и оставшиеся нуклоны образуют новое ядро. Преимущественно это превращение происходит в ядерном реакторе.

При β^+ -распаде ядра, содержащего избыток протонов, один из них превращается в нейтрон и одновременно испускаются позитрон и нейтрино:

$$_1P^1 \equiv {}_0n^1 + {}_{+1}e^0 + \nu$$

Эта реакция протекает с поглощением энергии, поскольку масса протона меньше массы нейтрона, и поэтому может происходить только в ядре. В свободном состоянии протон – стабильная частица.

Характерной особенностью нейтрино является его большая проникающая способность. Например, нейтрино с энергией 1МэВ имеет в свинце длину свободного пробега ~10^{20}см (~100 св. лет). Выделение одиночных событий взаимодействия при прохождении интенсивных потоков нейтрино сквозь большую массу вещества составляет основную сложность нейтринного эксперимента. Впервые такие события, подтвердившие существование нейтрино, были зарегистрированы в 1953г. американскими учеными Ф.Рейном и К.Коуэном. С ростом энергии нейтрино вероятность его взаимодействия с веществом возрастает. На современных ускорителях получают потоки нейтрино с энергиями в сотни ГэВ, что позволяет наблюдать в многотонных нейтринных детекторах сотни тысяч событий взаимодействия нейтрино.

Согласно стандартной модели Большого взрыва, плотность потоков нейтрино во Вселенной составляет приблизительно 150 частиц на кубический сантиметр. Поэтому можно считать, что Земля фактически погружена в океан из нейтрино, наличие которого для нас, живущих на ее поверхности, совершенно не ощутимо[10].

Сегодня физики из Канады, Англии и США представили первые результаты решения загадки недостатка потока нейтрино от Солнца, которая уже 30 лет не давала покоя ученым. Сотрудниками нейтринной обсерватории Садбери (SNC) установлено, что эта загадка не связана с недостатком наших знаний о процессах, идущих на Солнце. Напротив, решение заключается в том, что нейтрино изменяют свой сорт за время полета из недр Солнца к Земле.

Нейтрино - это фундаментальные частицы материи, электрически нейтральные и, если результаты SNC верны, имеющие очень маленькую массу. Они очень слабо взаимодействуют с какой-либо материей, вследствие чего их чрезвычайно трудно зарегистрировать. Однако именно изучение физических свойств нейтрино играет определяющую роль в исследованиях фундаментальных свойств нашего мира.

Известно три типа нейтрино: электронное нейтрино, мюонное и тау-нейтрино. Электронное (анти)нейтрино в паре с нейтрино излучается в огромных количествах в процессе термоядерного синтеза, идущих на Солнце. Еще в начале 1970-х годов в нескольких независимых экспериментах был измерен поток солнечных нейтрино, падающих на Землю. Оказалось, что измеренный поток нейтрино составлял только часть от теоретически ожидаемого потока, который был вычислен исходя из анализа энергетического баланса реакций, идущих на Солнце. Это означало, что, либо, несправедливы теории, описывающие физику процессов на Солнце, либо ученые что-то не понимают в поведении нейтрино.

Нейтрино является единственным видом излучения, который приходит к земному наблюдателю из самых глубоких недр Солнца и звёзд и несёт в себе информацию об их внутренней структуре и о происходящих там процессах. Современные средства регистрации нейтрино допускают возможность обнаружения нейтринного излучения лишь от Солнца и сверхновых звёзд нашей Галактики.

В среднем в 1см^3 космического пространства содержится от 300 до 400 нейтрино всех сортов (включая антинейтрино) со средней энергией каждой частицы (5-6)10^{-4}эВ. С.С. Герштейн и Я.Б. Зельдович в 1966 г. указали, что в рамках теории горячей Вселенной современная средняя концентрация реликтовых нейтрино N_ν сравнима по величине с концентрацией реликтовых фотонов N_γ.

В обычных звездах, типа Солнца, нейтрино рождаются в ядерных реакциях, обеспечивающих наблюдаемую светимость звезд. При взрывах сверхновых звезд и звездных гравитационных коллапсах температура в центре звезды поднимается настолько, что рождаются позитроны и даже π-мезоны (пионы) и мюоны. Вычисления нейтринного потока для стандартной солнечной модели, выполненные Дж. Бакаллом (США), дают величину 7,6+3,3 SNU (солнечных нейтринных единиц), в то время как измеренный на установке Дейвиса (США, 1981) поток нейтрино с энергией выше 0,814 МэВ составляет 1,8+0,3 SNU.

Поток нейтрино от Солнца составляет 10^{11} частиц на см^2 в сек. (с энергиями до 1 МэВ) и 10^8 частиц на см^2 в сек. (с энергией больше 1 МэВ). Для сравнения поток антинейтрино из литосферы Земли составляет 10^7 частиц на см^2 в сек. Ежесекундно через тело каждого человека проходит около 10^{13} солнечных нейтрино [17].

Если нейтрино имеют массу покоя отличную от нуля, то они могут двигаться с любой скоростью меньше световой, а также находиться в состоянии покоя. Это открытие накладывает отпечаток на существующие представления о строении Вселенной, путях ее развития. Наличие у нейтрино отличной от нуля массы покоя могло бы иметь важные космологические следствия. Если масса покоя нейтрино превышает 1 эВ, то реликтовые нейтрино вносят основной вклад в среднюю плотность вещества в современной Вселенной и определяют развитие гравитационной неустойчивости на стадии формирования структуры Вселенной.

Интересные результаты были получены А.Г. Пархомовым о возможной роли космологических нейтрино в объяснении непонятных явлений. Он использовал новейшие достижения физики и астрофизики: данные о возможной массе покоя нейтрино и космологические представления о реликтовых нейтрино. Сделав оценочные расчеты, автор гипотезы рассмотрел роль реликтовых нейтрино в некоторых процессах на Солнце и планетах. Оказалось, что Солнце и планеты могут быть эффективной гравитационной «ловушкой» для реликтовых нейтрино.

Определенная часть нейтрино должна совершать орбитальные и колебательные движения около Солнца и планет (и в их недрах), а также вращаться и колебаться относительно центра масс всей Солнечной системы. Кроме того, около поверхности планет и Солнца должен быть тонкий слой с повышенной концентрацией нейтрино - нейтриносфера. Реликтовые нейтрино удерживаются около Солнца в огромном чечевицеобразном облаке, размеры которого можно оценить в несколько расстояний между Землей и Солнцем. По-видимому, существование вытянутой нейтриносферы Солнца открыто сотрудником ИЯИ РАН член-корреспондентом РАН В. Лобашовым, который экспериментально установил, что дважды в год Земля проходит в своем орбитальном движении через области повышенной концентрации реликтовых нейтрино [11].

Установленные экспериментальным путем свойства нейтрино идеально совпадают со свойствами носителя гравитации – «гравитона». Обе частицы имеют огромную проникающую способность, большую плотность, поток движения во всех направлениях, испускаются и поглощаются ядерными реакторами, ориентируются в магнитном поле, очень слабо взаимодействуют с какой-либо материей, вследствие чего их чрезвычайно трудно зарегистрировать.

Заключение

Прочитав и вникнув в суть этой теории о гравитации Вы наверняка обнаружили, что, вооружившись новым знанием, отличающимся от существующего, начали по другому осмысливать природу многих явлений. Действительно, многие явления и процессы в природе, объяснения которых затруднено, в рамках этой теории становятся понятным. Ясно одно – гравитация является главной энергетической базой Вселенной, а все остальные силы природы являются производными от нее.

Верно одно – гравитация под влиянием магнитного поля, при проникновении в плотные тела, согласованно отклоняет свое направление воздействия. Именно это свойство гравитации в корне изменяет наше отношение к познанию основ гравитации. В этом отношении «гравитон» очень похож на фотон.

В настоящей теории встречаются выражения, определения и формулы, не помеченные ссылкой на другие литературные источники. Они нигде и не встречаются, так как, являются основой изложенной новой теории. Вообще, суть новой теории – изменение направления гравитации при проникновении в плотные вещества используется только в указанной теории и является ее приоритетом.

Эйнштейн говорил в свое время, что любая теория должна удовлетворять двум критериям: «внешнему оправданию» (то есть согласию с экспериментом) и «внутреннему совершенству». Согласно второму критерию новая теория имеет явное преимущество - она вписывается в современную физическую картину мира, так как построена на тех же физических понятиях и методах, которые успешно зарекомендовали себя при описании других фундаментальных взаимодействий. Познав природу гравитации, гравитационные основы природных явлений, мы можем подчинить и эффективно использовать силу гравитации, обуздать стихийные бедствия и техногенные катастрофы.

С развитием астрофизики и космической техники становится очевидным, что во Вселенной нет ни одного уголка, где отсутствует действующая на тело сила. Любое тело в космическом пространстве испытывает притяжение со стороны крупных космических объектов, обладающих гравитаций. Поэтому говорить о состоянии покоя тела в космосе нельзя, все тела, без исключения, испытывают гравитационное притяжение со стороны других космических тел и находятся в постоянном движении.

Обнаружение и наблюдение факторов взаимодействия планет солнечной системы, правильное их растолкование подтверждают справедливость данной теории. Луна, набрав один раз скорость на орбите, не может вечно двигаться с такой скоростью. Она постоянно должна получать от земной гравитации толкающую энергию для поддержания скорости движения на орбите. Установленные факты гравитационного воздействия Земли на Луну и обратно, их признаки и последствия оказались убедительнее всяких аргументов, доказывающих правоту этой теории. К таким фактам, доказывающим отклонение направления гравитации, можно отнести:

1. Приливной горб в океанах Земли, образованный влиянием лунной гравитации впереди своей проекции;
2. Наличие выемки на обратной стороне Луны с диаметром 2500 км и глубиной 12 км;
3. Грушевидная форма полной Луны;

Аналогичные факты и признаки гравитационного воздействия в пользу настоящей теории обнаруживаются и на поверхности Земли:

1. Отклонение тела на юго-восток при свободном падении от башни;
2. Сохранение плоскости колебания маятника Фуко неизменной на экваторе Земли;
3. Уменьшение скорости самолета в рейсе с востока на запад;
4. Отклонение к юго-востоку капли воды при свободном падении от вертикального отвеса.
5. Отклонение потоков «гравитонов» в аномальной зоне магнитного поля постоянных магнитов.
6. Отсутствие потоков «гравитонов» со стороны ядра Земли.

Другие факты влияния гравитации на положения планет и их орбит обнаружены:

1. В образовании колец вокруг планет-гигантов, а также в наличии экваториальной линии на поверхности некоторых планет;
2. В расположении эклиптики орбиты планет на одной плоскости вокруг Солнца;
3. В обращении спутников, в том числе искусственных, вокруг планеты строго в сторону его вращения;
4. В отсутствии вращения отдельных планет вокруг собственной оси;
5. В наличии спиралевидной туманности, лежащей в одной плоскости вокруг дальних галактик;
6. Сравнительное отсутствие кратеров на поверхности планет и спутников, имеющих вращение вокруг собственной оси.

Данные факты уверенно доказывают правильность указанной теории – изменение направления потока гравитации, от которого вытекают все последствия – перечисленные в настоящей теории свойства гравитации.

Выводы и гипотезы, приведенные в настоящей теории, требуют дополнительных исследований и изучений в плане подтверждения и уточнения отдельных факторов. Тогда, перечисленные в указанной работе направления, в ходе детальной разработки дадут серию научных открытий в области гравитации.

В рамках «Новые доказательства в современной теории гравитации» легко объясняются даже принцип работы и механизм действия так называемых «летающих тарелок» и природа появления таинственных рисунков на пшеничных полях. Принцип работы «летающих тарелок» основан на искусственном преломлении направления гравитации, в результате чего под тарелкой создаются зоны, где в центре повышается уровень гравитации, а по его краям отсутствует гравитация. Разность потенциалов в противоидущих потоках «гравитонов» образует подъемную силу, выталкивающая ее вверх. Рисунки на пшеничных полях образуются в результате избирательного влияния повышенного уровня гравитации «летающей тарелки» на стебли однородной растительности, изгибая их к поверхности земли, при этом происходит структурное изменение в узелках стеблей пшеницы.

«Новые доказательства в современной теории гравитации» является новым взглядом на проблему познания тайны гравитации, так как ни в одной существующей научной теории не рассматривается изменение направления гравитации. Все указанные в теории факты свидетельствуют о неизвестных ранее науке свойствах гравитации. Теперь, когда нам стали известны свойства гравитации, мы с уверенностью можем сказать, что недалек тот день, когда гравитация будет служить человечеству.

Заключение указанной теории о гравитации является началом следующей, важной теории – теории управления гравитацией. Новое знание о природе гравитации совершит революцию в науке и технике, даст новый импульс в бурном развитии астрофизики, геофизики, химии, биологии, медицине и других направлений в науке.

Подчиняясь человеческому разуму, гравитация окажется главным источником энергии, вытеснив из сферы использования другие виды источников энергии. Земля наконец-то избавится от губительных последствий использования реактивных двигателей, двигателей внутреннего сгорания, атомных и тепловых станций.

Регулирование плотности гравитационного потока позволит получить преимущество во многих отраслях промышленности, транспорта и сельского хозяйства. Появятся новые виды техники, позволяющие транспортировать большие грузы через космос. Будут созданы технология и оборудования по быстрому обезвреживанию радиоактивных отходов. Наконец-то станет возможным с помощью приборов прогнозировать угрозу землетрясения. В сельском хозяйстве и медицине появятся новые оборудования, способствующие быстрому размножению и восстановлению живых клеток. Все это станет возможным в результате регулирования плотности гравитационного потока.

В XXI веке из-за ряда объективно развивающихся процессов стало сложнее продвигать новые идеи в жизнь. Во-первых, этому мешает углубление специализации научных исследований и усиление специализации экспертизы, в то время как для оценки революционной идеи важна широта взгляда. Во-вторых, идеи, не подкрепленные рекламными акциями, теряются в растущих информационных потоках, содержащих огромное количество необъективной информации. В-третьих, преобладает проталкивание групповых интересов, замещающих общечеловеческие, в результате часто лоббируются не самые лучшие идеи.

Вполне возможно, что ни новая теория гравитации, ни другие теории на самом деле не являются абсолютной парадигмой. Истина может находится где-то посередине. Вероятно, что мы упускаем нечто важное, изучая гравитацию, и новые радикальные теории будут просто необходимы для изучения Вселенной. Однако новая формулировка кажется настолько простой и привлекательной, что она может являться частью новой крупной неизвестной фундаментальной теории, гораздо проще объясняющей физику Вселенной.

Литература:

1. Рыков А.В. Гипотеза о природе гравитации, Письмо в журнал «Физическая мысль России», М.; 2001, № 1, стр.59-63.
2. А.В.Рыков. Аннотация. Источник гравитации и инерции; http://www.membrana.ru;
3. Алина Беларис «Отпечатки пальцев» на кольцах Сатурна»; http://www.membrana.ru;
4. Козловский Е. А. Кольская сверхглубокая // Наука и жизнь.— 1985. № 11
5. М.У. Сагитов. «Лунная гравиметрия» 1979 г.; http://www.membrana.ru;
6. Ботт М. «Внутреннее строение Земли», Москва, Мир-1974г;.
7. Сагитов М. У., «Постоянная тяготения и масса Земли», М., 1969;
8. А.П. Трунев «Жизнь и гравитация», www narod. Ru;
9. Артем Платонов «Луна: странный спутник», 2005г.; http://www.membrana.ru;
10. М.У. Сагитов «Лунная гравиметрия» 1979 г.; http://www.membrana.ru;
11. Г.Николаев, «Таинственные взрывы из ниоткуда», журнал «Аномальные новости» № 25 - 2006 года;
12. Физика на рубеже 17-18 веков. М. Наука. 1974. С.64;

13. Локк Дж. «Элементы натуральной философии», 1698 год, Сочинение в трех томах, Т-2, М. Мысль, 1985г., 560с.;
14. Эйнштейн А. «Физические основы теории тяготения» (Собрание научных трудов, том 1, Москва, Наука, 1965);
15. Эйнштейн А. «К современному состоянию проблемы тяготения» § 9 «Об относительности инерции» Собрание научных трудов, том 1, Москва, Наука, 1965;
16. Эйнштейн А. «К теории гравитации» Собрание научных трудов, том 1, Москва, Наука, 1965;
17. Эйнштейн А. «Основы общей теории относительности» Собрание научных трудов, том 1, Москва, Наука, 1965;
18. Эйнштейн А. «О специальной и общей теории относительности (общедоступное изложение)» Собрание научных трудов, том 1, Москва, Наука, 1965;
19. Эйнштейн А. «Сущность теории относительности» Собрание научных трудов, том 2, Москва, Наука, 1966;
20. Эйнштейн А. «Замечание о квантовой теории» Собрание научных трудов, том 3, Москва, Наука, 1966 ;
21. Эйнштейн А. «Эволюция физики» Собрание научных трудов, том 4, Москва, Наука, 1967;
22. Ньютон И. «Математические начала натуральной философии», Москва: Наука, 1989;
23. Ландау Л., Лифшиц Е. «Механика», Москва: Наука, 1988;
24. Ландау Л., Лифшиц Е. «Теория поля», Москва: Наука, 1988;
25. Ландау Л., Лифшиц Е. «Квантовая механика», Москва: Наука, 1989;
26. Фейнман Р., Мориниго Ф., Вагнер У. «Фейнмановские лекции по гравитации», Москва: Янус-К, 2000;
27. Фок В. «Теория пространства, времени и тяготения», Москва: Гостехиздат, 1955;
28. Паули В. «Теория относительности», Москва: Наука, 1983;
29. Вейнберг С. «Гравитация и космология. Принципы и приложения общей теории относительности», Волгоград: Платон, 2000 ;
30. Уилл К. «Теория и эксперимент в гравитационной физике», Москва: Энергоатомиздат, 1985;
31. Дикке Р. «Гравитация и Вселенная», Москва: Мир, 1972;
32. Борн М. «Эйнштейновская теория относительности», Москва: Мир, 1972;

33. Мизнер Ч., Торн К., Уилер Дж. «Гравитация» (в трёх томах), Москва: Мир, 1977;
34. Зельдович Я., Новиков И. «Общая теория относительности и астрофизика» Эйнштейновский сборник - 1966, Москва: Наука, 1966;
35. Зельдович Я., Новиков И. «Теория тяготения и эволюция звёзд», Москва: Наука, 1971;
36. Гинзбург В. «О теории относительности», Москва: Наука, 1979;
37. Шварцшильд К. «О гравитационном поле точечной массы в эйнштейновской теории» (в сборнике «Альберт Эйнштейн и теория гравитации» Москва: Мир, 1979);
38. Оппенгеймер Ю., Снайдер Г. «О безграничном гравитационном сжатии» (там же);
39. Брагинский В., Полнарёв А. «Удивительная гравитация (или как измеряют кривизну мира)», Москва: Наука, 1985;
40. Бонди Г. «Необходима ли «общая относительность» для эйнштейновской теории гравитации?» (там же);
41. Одуан К., Гино Б. «Измерение времени. Основы GPS», Москва: Техносфера, 2002;
42. Окунь Л., Селиванов К., Телегди В. «Гравитация, фотоны, часы», «Успехи физических наук» т.169, № 10, с.1141-1147 (1999);
43. Аллей Ч., Катлер Л., Рейссе Р. и др. «Измерение при помощи атомных часов общерелятивистских разностей времени при авиаполётах путём прямых сверок времени, а также телеметрических сверок, проводимых посредством лазерных импульсов» (в сборнике «Альберт Эйнштейн и теория гравитации», Москва, Мир;
44. Гейзенберг В. «Физика и философия. Часть и целое», Москва: Наука, 1989;
45. Менский М. «Квантовая механика: новые эксперименты, новые приложения и новые формулировки старых вопросов», «Успехи физических наук», т.170, №6, с.634 (2000);
46. Янчилин В. «Гравитация и квантовая механика», Новосибирск: Редакционно-издательский центр Новосибирского Государственного Университета, 2001;
47. Янчилин В. «Квантовая теория гравитации», Москва: Эдиториал УРСС, 2002;

48. Янчилин В. «Неопределённость, Гравитация, Космос», Москва: Эдиториал УРСС, 2003;
49. Янчилин В. «Логика квантового мира и возникновение жизни на Земле», Москва: Новый Центр, 2004;
50. Ацюковский В. А. «Гравитация и расширение Земли», http://www.membrana.ru;
51. Адаев У.Ж. «Гравитонная основа притягивания и отталкивания магнитов», «Доклады независимых авторов», изд. «DNA», Россия-Израиль, 2008, вып. 10, стр. 132, printed in USA, Lulu Inc., ID 6334835, ISBN 978-0-557-02807-8
52. И.М.Дмитриевский. «Новая фундаментальная роль реликтового излучения в физической картине мира», журнал «Полигнозис», 2000 г., №1, с.38)
53. «Солнце и Земля вибрирует в унисон», http://plusnews.ru/dx/16722.aspx
54. Спутники Сатурна скрывают тайну темного материала, http://www.membrana.ru/articles/global/2008/02/21/172000.html
55. NASA на Сатурне. Двуликий Япет, http://www.membrana.ru/articles/global/2007/10/09/184500.html
56. Энцелада бьет фонтанами из невидимых горячих точек, http://www.membrana.ru/articles/global/2007/10/11/200000.html
57. Гигантский кратер на обратной стороне Луны, http://selena.sai.msu.ru/Chik/Publications/Aitken/Aitken.htm

Карпов М.А.

Мюонные «струи» на Тэватроне и мюонные «ливни» в космических лучах. Что общего?

Содержание

1. Вступление

В конце 2008г. появилась публикация [1], в которой был проведен анализ наблюдений за мультимюонными событиями, обнаруженными на протон -антипротонном коллайдере Тэватрон (Фермилаб, США). В этой статье, подписанной несколькими сотнями сотрудников этой лаборатории, говорится о том, что в результате протон-антипротонных столкновений при энергии протонов порядка одного ТэВ на значительном расстоянии от оси сталкивающихся пучков происходило рождение групп мюонов. Дело в том, что в силу малого времени распада рождающихся частиц, появление таких частиц, как мюоны изначально ожидалось на расстоянии порядка миллиметра от центра пучка. Реально же их появление также происходило на удалении до 1см. и более от оси пучков и даже за пределами вакуумной трубки (радиус которой составлял 1,5см.), то есть уже в теле детектора. Статистически эти события происходили примерно в 20 % случаев (150 000 из 750 000). Кроме того, рождение мюонов происходило в различных комбинациях их заряда, например в комбинации (++ -), (- - +) или (+++), (- - -), а максимальное их количество достигало восьми, что позволяет говорить о мюонных струях. Это явление не имеет объяснений в рамках Стандартной модели элементарных частиц. В случае, если не выясниться, что этот эффект является какой-то неучтенной погрешностью эксперимента (что вряд ли, поскольку статистика очень значительна), потребуется немало усилий для его объяснения.

2. Что может порождать мюонные струи?

Действительно, в рамках Стандартной модели невозможно объяснить данное явление, поскольку в ней просто не существует частиц с подобными свойствами. Что же способно порождать столь удаленные от точки столкновения мюонные струи и как это происходит? Обратимся к статье [2]. Кандидат на эту роль находится в таблице N1. Его квантовое число n=6. Как видно из таблицы, наблюдаемая частица, а именно W-бозон и виртуальная (не обладающая электрическим зарядом) при n=6 имеют одну и ту же массу, а именно 83 ГэВ. Если говорить точнее, 83ГэВ -это энергия W-состояния, а масса реального W-бозона несколько меньше (около 80ГэВ).

При превышении определенной энергии столкновений, а именно 80 Гэв на каждый кварк сталкивающегося протона (разрыв трубок глюонного поля при столкновении и появление между каждой парой кварков дополнительной пары фактически утраивает эту энергию), все три кварка могут перейти в W-состояние и заполнить данный квантовый уровень. При этом протон может испускать до трех вышеуказанных виртуальных частиц, которые становятся не менее реальными, чем W-бозон, только не обладают электрическим зарядом (что увеличивает их проникающую способность) и в вакууме стабильны, поскольку сами являются одной из 12 градаций ненаблюдаемых частиц (или полей измененной пространственной кривизны), формирующих частицы наблюдаемой материи [3]. Однако, при взаимодействии с барионами окружающего вещества, (внутри вакуумной трубки или за ее пределами) эти частицы превращаются в наблюдаемые W-бозоны.

В 80 % случаев W-бозоны распадаются на адроны, что не вызывает мюонных событий, а в 20 % случаев распад происходит с образованием тяжелых лептонов и нейтрино, что и проявляется в конечном итоге в виде мюонных струй. Суммарный заряд образовавшихся мюонов равен нулю, а комбинации зарядов в струях могут быть различными.

Максимальное количество родившихся мюонов зависит от энергии сталкивающегося протона. Так, при энергии протона равной 3x80x3=720 ГэВ может рождаться до трех частиц с каждой стороны пучка, а при энергии в 960 ГэВ до четырех или в общей сложности до восьми. По всей вероятности при дальнейшем увеличении энергии столкновений (LHC), число мюонов будет расти пропорционально и кратно энергии 240 ГэВ.

3. Мюонная компонента в космических лучах

Похоже на то, что специалисты в области космических лучей столкнулись с эффектами, сходными с недавно обнаруженными на Тэватроне, значительно раньше. Только энергетика этих процессов была намного выше.

Если вновь обратиться к вышеупомянутой таблице, то при n=5 масса ненаблюдаемой виртуальной частицы составляет 5x10**15эВ, а при n=4 соответственно 4x10**19эВ. Эти значения энергий на данный момент недоступны современным ускорителям, но для космических лучей вполне достижимы. Они удивительным образом совпадают со значениями энергий в области излома спектра космических лучей или так называемого «колена» и соответственно в области обрыва спектра, известного как предел ГЗК (Грайзена-Зацепина-Кузьмина). О существовании излома и обрыва спектра КЛ известно давно, но до сих пор их природа вызывает споры. Известно также, что в этих областях спектра наблюдается ряд аномальных явлений. Что же происходит в этих точках спектра космических лучей?

Соударение высокоэнергичных протонов, которые в основном и составляют космические лучи, происходит с практически неподвижными атомами «мишени», а не со встречным пучком, как на Тэватроне.

При энергиях порядка W- состояния нуклон можно представить как систему связанных частиц (кварков и глюонных полей), и столкновение возбуждает всю систему. При энергиях же с n=5, n=4 (и соответствующих размерах) составляющие нуклона можно воспринимать как точечные несвязанные образования. По этому рождение вышеуказанных частиц при столкновении невозможно из-за недостатка энергии, но возможно рассеяние этих частиц, входящих виртуально в состав нуклонов, на протонах столь высоких энергий.

Если энергия протона (или кварка) приблизительно равна массе данной ненаблюдаемой виртуальной частицы то, в результате столкновения эта частица приобретает часть (около половины) энергии протона, а другая часть идет на рождение частиц каскада.

Таким образом, энергия первичного протона должна существенно (в два-три раза) превышать массу виртуальной частицы и значительная часть энергии остается скрытой.

Результаты наблюдений показывают, что в случае превышения энергии первичной частицы значения 5x10**15эВ [4,5,6] происходит рост мюонной компоненты в атмосферных ливнях, по сравнению с допороговыми энергиями. Так же увеличивается доля высокоэнергичных мюонов (более 100ТэВ), как единичных, так и групп. Аналогичные эффекты возникают также и в районе энергий первичных космических лучей равному пределу ГЗК или 4x10**19эВ [7], а именно, происходит передача значительной части энергии первичной частицы в мюонную компоненту.

Это свидетельствует о появлении вторичных частиц высоких энергий с относительно высокой проникающей способностью, столкновение которых с атомами вещества приводит к образованию мюонных ливней. Такие явления, как «выстроенность» или рождение трех-четырех каскадов вдоль одной линии, «проникающие» каскады, «кентавры», образование «гало» также говорят о появлении вторичных частиц высоких энергий с большой проникающей способностью. Частичное рассеяние этих частиц на атомах среды может приводить к множественным каскадам.

У частиц, рождающихся на Тэватроне (83ГэВ), характерный размер составляет ~10**(-16)см. Их свободный пробег, по-видимому, не превышает нескольких сантиметров. Для частиц следующего ранга (n=5) он составляет в конденсированной среде десятки метров, а для частиц с n=4 соответственно десятки километров.

В конечном итоге при столкновении с атомами вещества эти частицы, взаимодействуя слабым образом, превращаются в W и Z-бозоны, которые, в свою очередь, примерно в 20% случаев распадаются на мюоны и нейтрино, образуя мюонные струи и ливни, интенсивность которых зависит от квантового числа и соответствующей энергии виртуальной частицы.

Таким образом, можно считать, что на Тэватроне была экспериментально открыта одна из частиц - «родственников» темной энергии с квантовым числом n=6.Для её появления понадобилась энергия в три раза большая, чем для рождения W-бозона. Одним из продуктов её взаимодействия с веществом явились мюоны. (Частица с квантовым числом n=7 примерно в три раза легче электрона и ей не на что распадаться.) Следует ожидать, что на Большом адроном коллайдере (LHC) данные частицы, обнаруженные на Тэватроне, будут рождаться десятками за событие. Что же касается наблюдаемых частиц, то при достижении необходимой энергии, приходящейся на кварк, на очереди появление частицы с массой равной 6 ТэВ [2].

Литература

1. Study of multi-muon events in pp collisions at 1,96 TeV. FERMILAB-PUB-08-046-E, Oct,2008.
2. Спектр масс элементарных частиц, связь микро- и макромасштабов, соотношение космических энергий. Сайт Sciteclibrary. Сентябрь, 2005.
3. «Родственники» темной энергии и их влияние на спектр космических лучей. Сайт Sciteclibrary.Октябрь, 2008.
4. Некоторые вопросы происхождения и взаимодействия космических лучей сверх- и ультравысоких энергий. А.А. Петрухин. 29-я РККЛ, Москва, 2006.
5. Изменение ядерного состава ПКЛ в области энергий 10**15—10**16эВ. Т.Т. Барнавелли и др.
6. Анализ состава КЛ в области излома по данным ШАЛ (Мюоны) и РЭК (Гамма-кванты). С.Б. Шаулов и др.
7. Свойства гигантских ливней и проблема оценки энергии первичной частицы. М.И. Правдин и др. 29-я РККЛ, Москва, 2006.

Поплавной С.А.

К оптике движущихся тел. Об Абсолютной координатной системе.

Аннотация

Продолжение статьи «К оптике движущихся тел» [1] (здесь нумерация уравнений и рисунков продолжается, а таблиц – новая). Показан вывод формул приближенного расчета орбитальной скорости Земли, точного и приближенного расчета по методу Майкельсона и преобразованиями Лоренца. В расширенной таблице Р.С. Шенкланда представлены результаты расчета, анализ сравнения которых обосновывает введение Абсолютной системы отсчета

Оглавление

1. Приближенный расчет орбитальной скорости Земли

Приближенный расчет в новой интерпретации опытов Майкельсона осуществлен заменой в системе двух уравнений величины $\Delta_1 t/T$, рассчитанной по уравнению 1, при $\beta=10^{-4}$ и $L_1=L_2$, на $\Delta_1 t/T = \Delta/2$, где Δ – ожидаемые приближенные смещения, столбец 3 таблицы 1.

Решая относительно $\Delta_1 t/T$ ($\Delta/2$) систему уравнений:

$$\begin{cases} \Delta_v = \dfrac{\Delta_1 t}{T} - \dfrac{\Delta_2 t}{T}, \\ L_1 = L_2 + d \end{cases}$$

или производя соответствующую замену в уравнении 7, получим уравнение для величины разницы длин плеч, выставляемой при настройке интерферометра:

Орбитальная скорость Земли, рассчитанная разными способами, в опытах с интерферометром Майкельсона.

(в скобках указаны номера уравнений в статьях)

Год	Длина пути, см, L_2	Смещение		Майкельсон (метод)			Лоренц (преобразования)				Новая интерпретация		
		ожидаемое (4), Δ	наблюдаемое, Δv	разница длин плеч, нм, d		скорость Земли (13, 14), км/с, V	разница длин плеч (15), нм, d		скорость Земли (16), км/с, V		разница длин плеч (7, 9), нм, d	скорость Земли, км/с, V	
				точно (11)	приблизительно (12)		точно	приближенно	точно	приближенно		точно (8)	приближенно (10)
1	2	3	4	5	6	7	8	9	10	11	12	13	14
1881	120	0,04	0,01	4,5	**4,4**	14,864	4,5	**4,4**	26,035	**25,746**	1,475	26,035	**25,746**
1887	1100	0,4	0,005	54,3	**58,3**	3,472	54,3	**58,3**	29,778	**30,856**	0,737	29,778	**30,856**
1902-1906	3220	1,13	0,007	160,0	**165,6**	2,401	160,0	**165,6**	29,883	**30,408**	1,033	29,883	**30,408**
1921	3200	1,12	0,04	154,1	**159,3**	5,757	154,1	**159,3**	29,421	**29,914**	5,900	29,421	**29,914**
1922-1924	3200	1,12	0,015	157,8	**163,0**	3,525	157,8	**163,0**	29,771	**30,258**	2,212	29,771	**30,258**
1924	3200	1,12	0,007	159,0	**164,2**	2,408	159,0	**164,2**	29,882	**30,367**	1,033	29,882	**30,367**
1924	860	0,3	0,01	41,5	**42,8**	5,552	41,5	**42,8**	29,461	**29,901**	1,475	29,461	**29,901**
1925-1926	3200	1,12	0,044	153,5	**158,7**	6,038	153,5	**158,7**	29,365	**29,858**	6,490	29,365	**29,858**

1926	200	0,07	0,001	9,9	**10,2**	3,641	9,9	**10,2**	29,757	**30,244**	0,147	29,757	**30,244**
1926	280	0,13	0,0034	13,5	**18,7**	5,674	13,5	**18,7**	29,437	**34,623**	0,501	29,437	**34,623**
1926-1927	280	0,13	0,003	13,6	**18,7**	5,330	13,6	**18,7**	29,502	**34,678**	0,443	29,502	**34,678**
1927	200	0,07	0,0002	10,0	**10,3**	1,628	10,0	**10,3**	29,935	**30,419**	0,030	29,935	**30,419**
1929	2590	0,9	0,005	128,8	**132,0**	2,262	128,8	**132,0**	29,894	**30,269**	0,737	29,894	**30,269**
1930	2100	0,75	0,001	104,9	**110,5**	1,124	104,9	**110,5**	29,958	**30,751**	0,148	29,958	**30,751**

$$d = \frac{\lambda}{2}\left(1-\beta^2\right)\frac{\Delta}{2} + L_2\left(\sqrt{1-\beta^2}-1\right) \approx \frac{\lambda}{4}\Delta_v, \tag{9}$$

или решая относительно $\Delta_2 t/T$, получим тождественное уравнение:

$$\frac{\Delta_2 t}{T} = \frac{\Delta_1 t}{T} - \Delta_v = \frac{2L_2}{\lambda}\left(\frac{1}{1-\beta^2} - \frac{1}{\sqrt{1-\beta^2}}\right) - \frac{2d}{\lambda}\cdot\frac{1}{\sqrt{1-\beta^2}} \Rightarrow$$

$$d = \frac{\lambda}{2}\sqrt{1-\beta^2}\left(\Delta_v - \frac{\Delta}{2}\right) + L_2\left(\frac{1}{\sqrt{1-\beta^2}} - 1\right) \approx \frac{\lambda}{4}\Delta_v. \tag{9a}$$

Аналогично, произведя замену в уравнении 8, получим уравнение наблюдаемого общего смещения интерференционных полос в долях ширины:

$$\Delta_v = \frac{\Delta}{2}\left(1+\sqrt{1-\beta^2}\right) - \frac{2L_2}{\lambda}\cdot\frac{\beta^2}{1-\beta^2} \approx \frac{4d}{\lambda}. \tag{10}$$

Величины орбитальной скорости Земли во всех опытах найдем так же, как и предыдущей статье и при тех же значениях λ и c, методом последовательного приближения значений β по уравнению 10, а по уравнению 9 (9а) – d – величины разницы длин плеч. Значения, представленные в столбцах 12-14 таблицы 1, рассчитаны в таблицах 4, 5.

2. Метод Майкельсона

Состоятельность предложенного расчета в новой интерпретации опытов подтверждается рассмотрением результатов расчета по методу Майкельсона. Для этого в системе уравнений заменим уравнение 6 на уравнение 3 и так же решим относительно $\Delta_2 t/T$.

$$\begin{cases} \Delta_v = \dfrac{\Delta_1 t}{T} + \dfrac{\Delta_2 t}{T} \\ L_1 = L_2 + d \end{cases}.$$

Уравнения величины разницы длин плеч для точного расчета выполним для величин $\Delta_1 t/T$, рассчитанных по уравнению 1, при $\beta=10^{-4}$ и $L_1=L_2$:

$$\frac{\Delta_2 t}{T} = \Delta_v - \frac{\Delta_1 t}{T} = \frac{2L_2}{\lambda}\left(\frac{1}{1-\beta^2} - \frac{1}{\sqrt{1-\beta^2}}\right) - \frac{2d}{\lambda}\cdot\frac{1}{\sqrt{1-\beta^2}} \Rightarrow$$

$$d = \frac{\lambda}{2}\sqrt{1-\beta^2}\left(\frac{\Delta_1 t}{T} - \Delta_v\right) + L_2\left(\frac{1}{\sqrt{1-\beta^2}} - 1\right) \approx \frac{\lambda}{4}\left(2\frac{\Delta_1 t}{T} - \Delta_v\right), \tag{11}$$

приближенного расчета – для $\Delta_1 t/T = \Delta/2$:

$$d = \frac{\lambda}{2}\sqrt{1-\beta^2}\left(\frac{\Delta}{2} - \Delta_v\right) + L_2\left(\frac{1}{\sqrt{1-\beta^2}} - 1\right) \approx \frac{\lambda}{4}(\Delta - \Delta_v). \qquad (12)$$

Далее аналогично, уравнения наблюдаемого общего смещения полос интерференционной картины после поворота прибора на $\pi/2$ для точного расчета β получим из уравнения 3 заменой $2d/\lambda$, соответственно, уравнениями 7 и 9:

$$\Delta_v = \frac{2}{\lambda}(L_1 + L_2)\cdot\left(\frac{1}{1-\beta^2} - \frac{1}{\sqrt{1-\beta^2}}\right) = \left(\frac{4L_2}{\lambda} + \frac{2d}{\lambda}\right)\cdot\frac{1-\sqrt{1-\beta^2}}{1-\beta^2} \Rightarrow$$

$$\Delta_v = \frac{\Delta_1 t}{T}\left(1 - \sqrt{1-\beta^2}\right) + \frac{2L_2}{\lambda}\cdot\frac{\beta^2}{1-\beta^2} \approx 2\frac{\Delta_1 t}{T} - \frac{4d}{\lambda}, \qquad (13)$$

и приближенного расчета β – для $\Delta_1 t/T = \Delta/2$:

$$\Delta_v = \frac{\Delta}{2}\left(1 - \sqrt{1-\beta^2}\right) + \frac{2L_2}{\lambda}\cdot\frac{\beta^2}{1-\beta^2} \approx \Delta - \frac{4d}{\lambda}. \qquad (14)$$

Величины орбитальной скорости Земли найдем из значений β, полученных методом последовательного приближения по уравнениям 13, 14 при тех же значениях λ и c, как и предыдущей статье, а по уравнениям 11, 12 – d – величины разницы длин плеч. Значения, представленные в столбцах 5-7 таблицы 1, рассчитаны в таблицах 4, 5.

Расчет по методу Майкельсона указывает на функциональную связь величин разницы длин плеч d с длиной пути света L_2 (L_1) в плечах интерферометров столбцы 2, 5, 6 таблицы 1:

$$d \approx f(L_2),$$

что в свое время дало теоретическое обоснование гипотезе сокращения размеров тел в направлении движения – «контрактации Фитцджеральда – Лоренца». Поэтому в последующих опытах Майкельсона и его аналогах прослеживается тенденция к увеличению длин плеч интерферометров.

Действительно же только разница длин плеч d в пределах длины волны, устанавливаемая при настройке интерферометра, а не длина L_2 (L_1) пути света в плечах, обеспечивает разность хода когерентным лучам и разность времен в один период, создающую начальную интерференционную картину.

Для наглядности, тоже на примере опыта 1887г., показан на рис.3 мысленный мгновенный стоп-кадр взаимных положений двух точек лучей (фронтов) света, точный расчет длин путей которых выполнен в таблице 2 для значений d и β, полученных, соответственно, по уравнениям 11 и 13.

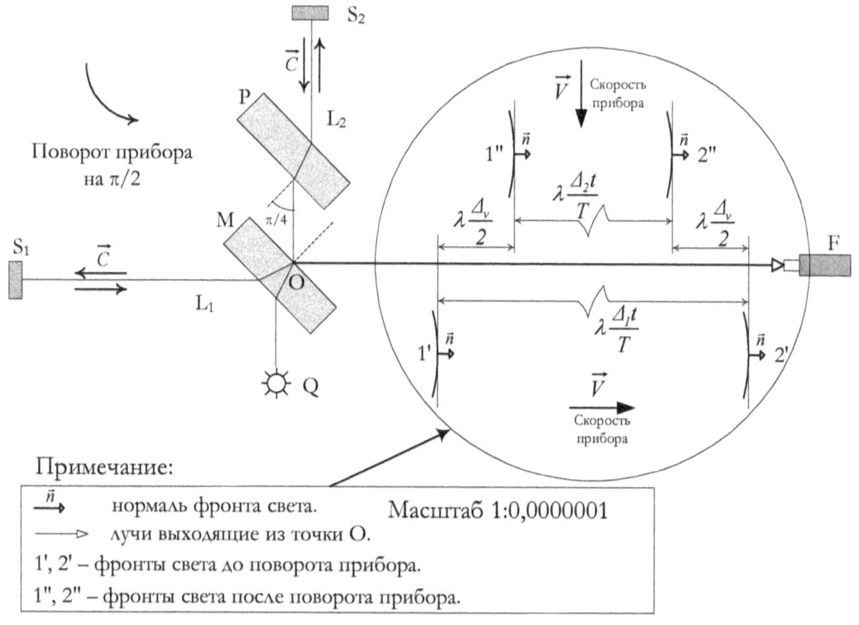

Рис.3. Ход фронтов света от *М*-пластины по методу Майкельсона в опыте 1887г.

Очевидно, что изменение интерференционной картины происходит тоже вследствие симметричного сближения фронтов и изменения разности времен в один период с $\Delta_1 t/T$ на $\Delta_2 t/T$. Общее же смещение полос, соответствующее разности времен, хоть и определяется суммой уравнений 1 и 2, также не наблюдается в «противоположных направлениях» при смене плеч местами после поворота интерферометра на $\pi/2$, как это следует из теории Майкельсона.

Тем не менее, не смотря на идентичность величин Δ_v и $\Delta_1 t/T$, рассчитанных разными способами по методу Майкельсона и предложенной новой интерпретацией опытов (таблицы 2 статей), вывод Майкельсона не соответствует действительности по следующей причине. Вращение интерферометра (рис.2) приводит к уменьшению величины $\Delta_1 t/T$ до нуля при угле поворота чуть большем $\pi/4$ и к величине $\Delta_2 t/T$ – при угле $\pi/2$, сменяя запаздывание точки одного луча (фронта) света по отношению к точке другого луча (фронта) света на опережение, чего не наблюдается на рис.3. Различить визуально в зрительную трубу F смену положения относительно друг друга точек лучей (фронтов) света при вращении интерферометра не представляется возможным.

Таблица 2

Параметр	Значения в метрах		Параметр
$ct'_1 = \dfrac{2L_1}{1-\beta^2}$	22,000000111475	22,000000002950	$ct''_2 = \dfrac{2L_2}{1-\beta^2}$
$ct'_2 = \dfrac{2L_2}{\sqrt{1-\beta^2}}$	22,000000001475	22,000000110000	$ct''_1 = \dfrac{2L_1}{\sqrt{1-\beta^2}}$
$\lambda\dfrac{\Delta_1 t}{T} = ct'_1 - ct'_2$	0,000000110000	-0,000000107050	$\lambda\dfrac{\Delta_2 t}{T} = ct''_2 - ct''_1$
$\lambda\dfrac{\Delta_v}{2} = ct'_1 - ct''_1$	0,000000001475	0,000000001475	$\lambda\dfrac{\Delta_v}{2} = ct''_2 - ct'_2$
в метрах на рисунке в масштабе M 1:0,0000001			
λ	5,90000		
$\lambda\dfrac{\Delta_1 t}{T}$	1,10000	-1,07050	$\lambda\dfrac{\Delta_2 t}{T}$
$\lambda\dfrac{\Delta_v}{2} = ct'_1 - ct''_1$	0,01475	0,01475	$\lambda\dfrac{\Delta_v}{2} = ct''_2 - ct'_2$
	в долях ширины полосы		
$\dfrac{\Delta_1 t}{T}$	0,186440681	-0,181440676	$\dfrac{\Delta_2 t}{T}$
По Майкельсону $\dfrac{\Delta_1 t}{T}$, где: $\beta=10^{-4}$, $L_1=L_2$	0,186440677	0,005000005	$\Delta_v = \dfrac{\Delta_1 t}{T} + \dfrac{\Delta_2 t}{T}$

3. Преобразования Лоренца

Сравним результаты вышеприведенных способов расчета орбитальной скорости Земли и настроечных разниц длин плеч d с результатами расчета, выполненного преобразованиями Лоренца [2]. Отношение длин движущегося стержня, ориентированного в направлении движения (L_2) и перпендикулярно движению (L_1), будет:

$$\frac{L_2}{L_1} = \frac{c}{\sqrt{c^2 - v^2}} \Rightarrow L_1 = L_2\sqrt{1-\beta^2}\ .$$

Произведем замену длин стержня, соответственно, на длины плеч, ориентированных при настройке интерферометра, и с учетом уравнения 5, преобразуя относительно d, получим:

$$L_2 = L_1\sqrt{1-\beta^2} \Rightarrow L_2 = (L_2 + d)\cdot\sqrt{1-\beta^2} \Rightarrow$$

$$d\sqrt{1-\beta^2} = L_2\cdot\left(1-\sqrt{1-\beta^2}\right)\Rightarrow$$

$$d = L_2\cdot\left(\frac{1}{\sqrt{1-\beta^2}}-1\right)\approx L_2\frac{\beta^2}{2},\ \text{или}\ \ d = L_1\cdot\left(1-\sqrt{1-\beta^2}\right).\ (15,\ 15а)$$

Преобразуя относительно β, получим:

$$\beta = \frac{\sqrt{d(2L_2+d)}}{L_2+d}. \qquad (16)$$

Найденные значения орбитальной скорости Земли по уравнению 16 (столбцы 10, 11 таблицы 1) при разнице длин плеч d, рассчитанной методом Майкельсона по уравнениям 11 и 12 (столбцы 5, 6), идентичны значениям, рассчитанным предложенной новой интерпретацией опытов по уравнениям 8 и 10 (столбцы 13, 14).

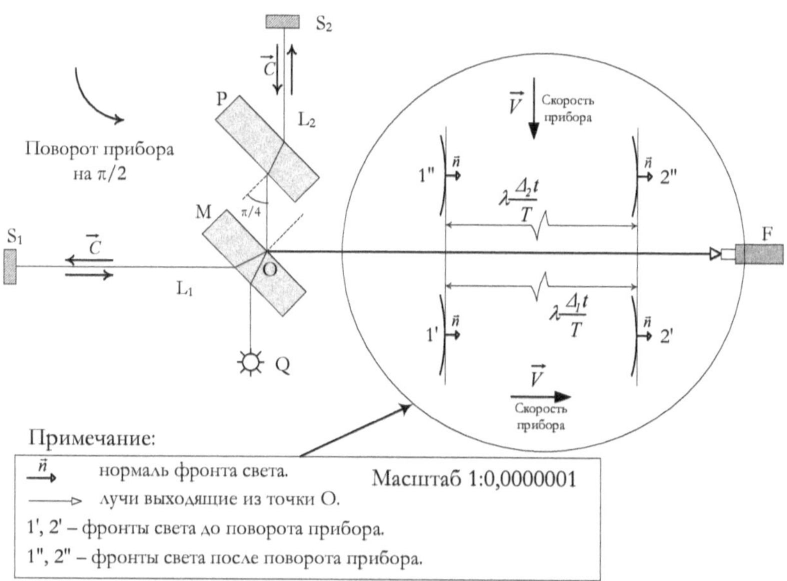

Рис.4. Ход фронтов света от *М*-пластины по преобразованиям Лоренца в опыте Майкельсона 1887г.

Для наглядности, также на примере опыта 1887г., показан на рис.4 мысленный мгновенный стоп-кадр взаимных положений двух точек лучей (фронтов) света, точный расчет длин путей которых выполнен в таблице 3.

Таблица 3

Параметр	Значения в метрах		Параметр
$ct'_1 = \dfrac{2L_1}{1-\beta^2}$	22,000000217050	22,000000108525	$ct''_2 = \dfrac{2L_2}{1-\beta^2}$
$ct'_2 = \dfrac{2L_2}{\sqrt{1-\beta^2}}$	22,000000108525	22,000000217050	$ct''_1 = \dfrac{2L_1}{\sqrt{1-\beta^2}}$
$\lambda \dfrac{\Delta_1 t}{T} = ct'_1 - ct'_2$	0,000000108525	-0,000000108525	$\lambda \dfrac{\Delta_2 t}{T} = ct''_2 - ct''_1$
$\lambda \dfrac{\Delta_v}{2} = ct'_1 - ct''_1$	0,000000000000	0,000000000000	$\lambda \dfrac{\Delta_v}{2} = ct''_2 - ct'_2$
в метрах на рисунке в масштабе M 1:0,0000001			
λ	5,90000		
$\lambda \dfrac{\Delta_1 t}{T}$	1,08525	-1,08525	$\lambda \dfrac{\Delta_2 t}{T}$
$\lambda \dfrac{\Delta_v}{2} = ct'_1 - ct''_1$	0,00000	0,00000	$\lambda \dfrac{\Delta_v}{2} = ct''_2 - ct'_2$
	в долях ширины полосы		
$\dfrac{\Delta_1 t}{T}$	0,183940679	-0,183940685	$\dfrac{\Delta_2 t}{T}$
По Майкельсону $\dfrac{\Delta_1 t}{T}$, где: $\beta=10^{-4}$, $L_1=L_2$	0,186440677	-0,000000006	$\Delta_v = \dfrac{\Delta_1 t}{T} + \dfrac{\Delta_2 t}{T}$

Сравнивая взаимность положений двух точек лучей (фронтов) света на рис.3 и 4, значения орбитальной скорости Земли и настроечной разницы длин плеч d в таблице 1, придем к следующему выводу в отношении преобразований Лоренца:

- в их основе лежит ошибочная «теория» метода Майкельсона;
- наблюдаемые в опытах смещения полос интерференционной картины Δ_v (столбец 4) аннулируются математической манипуляцией искусственно введенным сомножителем:

$$\sqrt{1-\beta^2}\ .$$

Совпадение значений орбитальной скорости Земли со значениями, полученными астрономическими методами измерения, привело к канонизации функциональной зависимости между величинами разницы длин плеч d и длиной пути света L_2 (L_1) в плечах интерферометров. Расчет опытов Майкельсона и других экспериментаторов не подтвердил выводы преобразований Лоренца: сокращение размеров тел в направлении движения относительно покоящейся системы координат и, соответственно, замедление течения их времени.

4. Основание Абсолютной системы отсчета

Сочтенный достоверным экспериментальный результат, предсказываемый гипотезой неподвижного «эфира» и ненаблюдаемый в опыте 1887г., привел Майкельсона к выводу об ошибочности данной гипотезы, а Лоренца к преобразованиям, связывающим координаты и время двух систем, движущихся относительно друг друга равномерно и прямолинейно со скоростью v. Впоследствии в основу преобразований Лоренца были положены два казавшихся тогда незыблемыми принципа (постулата), которые сформулированы следующим образом [3].

1. Законы, по которым изменяются состояния физических систем, не зависят от того, к которой из двух координатных систем, движущихся относительно друг друга равномерно и прямолинейно, эти изменения состояния относятся.
2. Каждый луч света движется в «покоящейся» системе координат с определенной скоростью c, независимо от того, испускается ли этот луч света покоящимся или движущимся телом.

Суть первого постулата в том, что якобы никакими измерениями, произведенными в произвольной системе, нельзя обнаружить прямолинейное и равномерное движение этой системы, т. е. все процессы, происходящие в системе, не зависят от ее прямолинейного и равномерного движения. Следовательно, все системы, находящиеся в равномерном и прямолинейном движении, эквивалентны.

Суть второго постулата в том, что скорость света в пустоте есть величина постоянная и якобы, не зависящая от того, в какой из эквивалентных прямолинейно и равномерно движущихся систем она измеряется. Следовательно, если вести измерение в двух системах, находящихся в прямолинейном, равномерном движении относительно друг друга, то время распространения света между любыми точками A и B равно времени распространения света в обратном направлении от точки B к точки A каково ни было бы движение точек A и B относительно друг друга.

Таблица 4

Расчет (точно) орбитальной скорости Земли по разным теориям в опытах с интерферометром Майкельсона.

Параметр		Значения				
		Потсдам, 1881	Кливленд, 1887	Кливленд, 1902-1906	Маунт-Вильсон, 1921	Кливленд, 1922-1924
L_1, *м*		1,200000001475	11,000000000738	32,200000001033	32,000000005900	32,000000002213
L_2, *м*		1,200000000000	11,000000000000	32,200000000000	32,000000000000	32,000000000000
λ, *м*		0,00000059	0,00000059	0,00000059	0,00000059	0,00000059
$\Delta_1 t/T$, $\beta=10^{-4}$, $L_1=L_2$		0,020338983	0,186440677	0,545762709	0,542372878	0,542372878
Наблюдаемое, Δ_v		0,0100	0,0050	0,0070	0,0400	0,0150
ур.8 $\beta = v/c$		0,000086842769	0,000099327282	0,000099678831	0,000098138931	0,000099306186
ур.8 Δ_v		0,010000000010	0,004999998457	0,007000003422	0,040000004834	0,014999998856
ур.7 (9) d, *нм*		1,4750002	0,7375000	1,0325001	5,9000020	2,2124986
$V_{земли}$, *км/с*		26,034807	29,777570	29,882962	29,421311	29,771246
Майкельсон	ур.13 $\beta = v/c$	0,000049581583	0,000011579763	0,000008008148	0,000019202864	0,000011759305
	ур.13 Δ_v	0,010000000210	0,005000000089	0,006999999975	0,039999998575	0,015000000482
	ур.11 d, *нм*	4,5250001	54,2624999	159,9674997	154,0999977	157,7875012
	$V_{земли}$, *км/с*	14,864185	3,471526	2,400782	5,756874	3,525351

Лоренц	ур.15 d, *нм*	4,5250001	54,2624994	159,9674983	154,1000003	157,7874968
	$V_{земли}$, *км/с*	26,034808	29,777570	29,882962	29,421311	29,771246

продолжение таблицы 4

Параметр		Значения				
		Кливленд, 1924	Гейдельберг, 1924	Маунт-Вильсон, 1925-1926	Пассадена, 1926	Воздушный баллон, 1926
L_1, *м*		32,000000001033	8,600000001475	32,000000006490	2,000000000148	2,800000000502
L_2, *м*		32,000000000000	8,600000000000	32,000000000000	2,000000000000	2,800000000000
λ, *м*		0,00000059	0,00000059	0,00000059	0,00000059	0,00000059
$\Delta_1 t/T$, $\beta=10^{-4}$, $L_1=L_2$		0,542372878	0,145762711	0,542372878	0,033898305	0,047457627
Наблюдаемое, Δ_v		0,0070	0,0100	0,0440	0,0010	0,0034
ур.8 $\beta = v/c$		0,000099676821	0,000098269917	0,000097950880	0,000099259759	0,000098192594
ур.8 Δ_v		0,006999991431	0,009999999383	0,043999992452	0,001000000412	0,003400000190
ур.7 (9) d, *нм*		1,0325040	1,4749996	6,4900028	0,1474998	0,5015000
$V_{земли}$, *км/с*		29,882359	29,460580	29,364935	29,757327	29,437399
Майкельсон	ур.13 $\beta = v/c$	0,000008033134	0,000018520887	0,000020140134	0,000012144958	0,000018926550
	ур.13 Δ_v	0,006999999135	0,010000000012	0,043999999861	0,001000000035	0,003400000097
	ур.11 d, *нм*	158,9675029	41,5250003	153,5099969	9,8524997	13,4985000

	$V_{земли}$, $км/с$	2,408273	5,552422	6,037860	3,640967	5,674037
Лоренц	ур.15 d , $нм$	158,9675023	41,5249992	153,5100012	9,8524997	13,4984998
	$V_{земли}$, $км/с$	29,882359	29,460580	29,364935	29,757327	29,437399

продолжение таблицы 4

Параметр		Значения			
		Брюссель, 1926-1927	Пассадена, 1927	Маунт-Вильсон, 1929	Иена, 1930
L_1 , $м$		2,800000000443	2,000000000030	25,900000000738	21,000000000148
L_2 , $м$		2,800000000000	2,000000000000	25,900000000000	21,000000000000
λ , $м$		0,00000059	0,00000059	0,00000059	0,00000059
$\Delta_1 t/T$, $\beta=10^{-4}$, $L_1=L_2$		0,047457627	0,033898305	0,438983048	0,355932201
Наблюдаемое, Δ_v		0,0030	0,0002	0,0050	0,0010
ур.8 $\beta = v/c$		0,000098406953	0,000099852390	0,000099714843	0,000099929736
ур.8 Δ_v		0,002999999942	0,000200000177	0,005000008256	0,001000004162
ур.7 (9) d , $нм$		0,4425004	0,0295001	0,7374981	0,1475025
$V_{земли}$, $км/с$		29,501662	29,934993	29,893758	29,958181
Майкельсон	ур.13 $\beta = v/c$	0,000017778398	0,000005431389	0,000007546510	0,000003748015
	ур.13 Δ_v	0,003000000074	0,000199999909	0,005000000560	0,000999999817

	ур.11 d, *нм*	13,5575002	9,9704999	128,7625017	104,8524974
	$V_{земли}$, *км/с*	5,329830	1,628289	2,262387	1,123627
Лоренц	ур.15 d, *нм*	13,5575003	9,9705000	128,7624967	104,8525013
	$V_{земли}$, *км/с*	29,501663	29,934993	29,893758	29,958181

Таблица 5

Расчет (приближенно) орбитальной скорости Земли по разным теориям в опытах с интерферометром Майкельсона.

Параметр	Значения				
	Потсдам, 1881	Кливленд, 1887	Кливленд, 1902-1906	Маунт-Вильсон, 1921	Кливленд, 1922-1924
L_1, *м*	1,200000001475	11,000000000738	32,200000001033	32,000000005900	32,000000002213
L_2, *м*	1,200000000000	11,000000000000	32,200000000000	32,000000000000	32,000000000000
λ, *м*	0,00000059	0,00000059	0,00000059	0,00000059	0,00000059
Ожидаемое, Δ	0,0400	0,4000	1,1300	1,1200	1,1200
Наблюдаемое, Δ_v	0,0100	0,0050	0,0070	0,0400	0,0150
ур.10 $\beta = v/c$	0,000085877820	0,000102923183	0,000101431523	0,000099781010	0,000100929275
ур.10 Δ_v	0,009999999835	0,005000002935	0,007000005096	0,039999991165	0,015000007367
ур.9 (9а) d, *нм*	1,4750001	0,7375007	1,0325030	5,9000015	2,2124981

$V_{земли}$, $км/с$		25,745523	30,855594	30,408406	29,913594	30,257835
Майкельсон	ур.14 $\beta = v/c$	0,000049581583	0,000011579763	0,000008008148	0,000019202864	0,000011759305
	ур.14 Δ_v	0,010000000210	0,005000000090	0,006999999976	0,039999998578	0,015000000484
	ур.12 d, $нм$	4,4250001	58,2625003	165,6425007	159,2999987	162,9875022
	$V_{земли}$, $км/с$	14,864185	3,471526	2,400782	5,756874	3,525351
Лоренц	ур.15 d, $нм$	4,4250001	58,2625004	165,6425021	159,3000007	162,9874973
	$V_{земли}$, $км/с$	25,745523	30,855594	30,408406	29,913594	30,257836

продолжение таблицы 5

Параметр	Значения				
	Кливленд, 1924	Гейдельберг, 1924	Маунт-Вильсон, 1925-1926	Пассадена, 1926	Воздушный баллон, 1926
L_1, $м$	32,000000001033	8,600000001475	32,000000006490	2,000000000148	2,800000000502
L_2, $м$	32,000000000000	8,600000000000	32,000000000000	2,000000000000	2,800000000000
λ, $м$	0,00000059	0,00000059	0,00000059	0,00000059	0,00000059
Ожидаемое, Δ	1,1200	0,3000	1,1200	0,0700	0,1300
Наблюдаемое, Δ_v	0,0070	0,0100	0,0440	0,0010	0,0034
ур.10 $\beta = v/c$	0,000101293971	0,000099738028	0,000099596059	0,000100883596	0,000115491186
ур.10 Δ_v	0,007000006214	0,010000001887	0,043999989985	0,000999999514	0,003400000175

ур.9 (9а)	d, *нм*	1,0325035	1,4749994	6,4900023	0,1475002	0,5014998
$V_{земли}$, *км/с*		30,367169	29,900709	29,858147	30,244141	34,623387
Майкель-сон	ур.14 $\beta = v/c$	0,000008033134	0,000018520887	0,000020140134	0,000012144958	0,000018926550
	ур.14 Δ_v	0,006999999136	0,010000000013	0,043999999864	0,001000000035	0,003400000100
	ур.11 d, *нм*	164,1675039	42,7750006	158,7099978	10,1774998	18,6735001
	$V_{земли}$, *км/с*	2,408273	5,552422	6,037860	3,640967	5,674037
Лоренц	ур.15 d, *нм*	164,1675027	42,7749992	158,7100016	10,1775002	18,6734997
	$V_{земли}$, *км/с*	30,367169	29,900709	29,858147	30,244141	34,623387

продолжение таблицы 5

Параметр	Значения			
	Брюссель, 1926-1927	Пассадена, 1927	Маунт-Вильсон, 1929	Иена, 1930
L_1, *м*	2,800000000443	2,000000000030	25,900000000738	21,000000000148
L_2, *м*	2,800000000000	2,000000000000	25,900000000000	21,000000000000
λ, *м*	0,00000059	0,00000059	0,00000059	0,00000059
Ожидаемое, Δ	0,1300	0,0700	0,9000	0,7500
Наблюдаемое, Δ_v	0,0030	0,0002	0,0050	0,0010
ур.10 $\beta = v/c$	0,000115673493	0,000101466743	0,000100965416	0,000102575175

ур.10	Δ_v	0,002999999385	0,000199999542	0,005000007543	0,001000000140
ур.9 (9а)	d, *нм*	0,4425003	0,0295001	0,7375002	0,1475004
$V_{земли}$, $км/с$		34,678041	30,418964	30,268670	30,751264
Майкельсон	ур.14 $\beta = v/c$	0,000017778398	0,000005431389	0,000007546510	0,000003748015
	ур.14 Δ_v	0,003000000076	0,000199999909	0,005000000560	0,000999999817
	ур.11 d, *нм*	18,7325003	10,2955000	132,0125025	110,4774980
	$V_{земли}$, $км/с$	5,329830	1,628289	2,262387	1,123627
Лоренц	ур.15 d, *нм*	18,7325002	10,2955000	132,0124996	110,4774998
	$V_{земли}$, $км/с$	34,678041	30,418964	30,268671	30,751264

Предложенной новой интерпретацией результатов опытов, поставленных интерферометром Майкельсона, являющимся произвольной координатной системой, их неудачные попытки объяснены ошибками в теории метода Майкельсона и по смещению интерференционных полос (столбцы 13-15 таблицы 1) обнаружено движение Земли относительно «эфира». Поэтому утверждение о том, что никакими измерениями, произведенными в произвольной системе, нельзя обнаружить прямолинейное и равномерное движение этой системы, не соответствует действительности. Таким образом, показана несостоятельность преобразований Лоренца и опровергнут первый из приведенных выше принципов (постулатов). Следовательно, все системы, находящиеся в равномерном и прямолинейном движении, неэквивалентны.

Установленный факт движения Земли относительно «эфира» ведет к предположению («принципу абсолютности»), что для всех координатных систем, для которых справедливы уравнения механики, существует единая координатная система, для которой справедливы оптические законы, а свойства явлений соответствуют понятию абсолютного покоя. Поэтому, важным аргументом в пользу необоснованности второго принципа (постулата) является определение «покоящейся» системы координат.

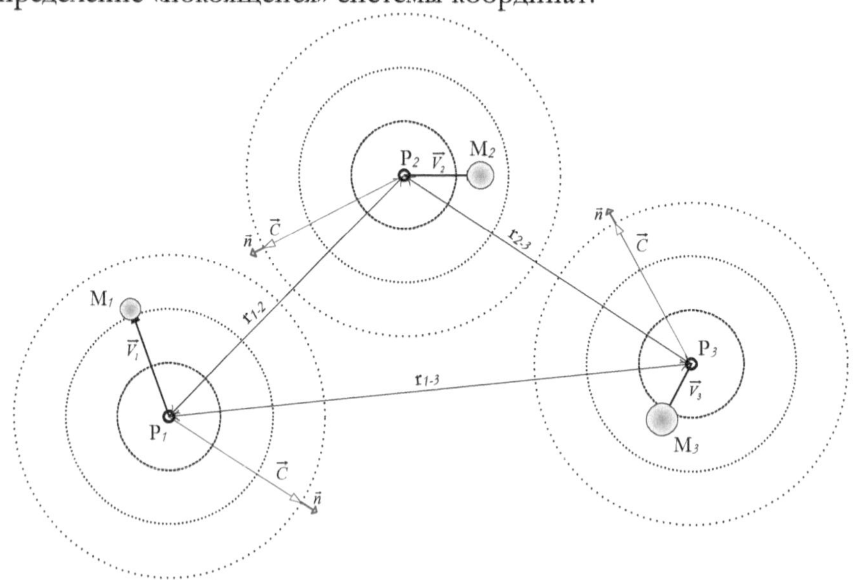

Рис.5. Распространение фронтов света в Абсолютной системе отсчета.

Телам M_i весомой материи, связанным с координатными системами (рис.5) и движущимся с постоянной скоростью v_i относительно друг друга, свойственна инертность, определяемая законами И. Ньютона (1643-1727), а свету, как и любому другому излучению, нет. Тело и свет, излученный им, становятся самостоятельными, независимыми физическими явлениями, к свойствам которых применим принцип суперпозиций. В силу этого принципа центры излучения света P_i движущимися телами не могут испытывать движения по инерции (увлекаться), как и в любом другом направлении. Такое свойство центров излучения есть основание к объединению их в единую координатную систему, не определяемую в относительных системах отсчета. О множестве центров излучения P_i позволительно утверждать, как о «покоящейся» Абсолютной системе отсчета. Координатная система множества центров излучения, расстояние r_i между которыми длительно сохраняется неизменным, в дальнейшем будет называться Абсолютной гомогенной системой отсчета. В такой координатной системе сферические фронты света разбегаются от центров излучения всегда с предельной скоростью c, не зависимо от скорости v_i движущихся относительно нее тел, порождающих или поглощающих эти фронты света.

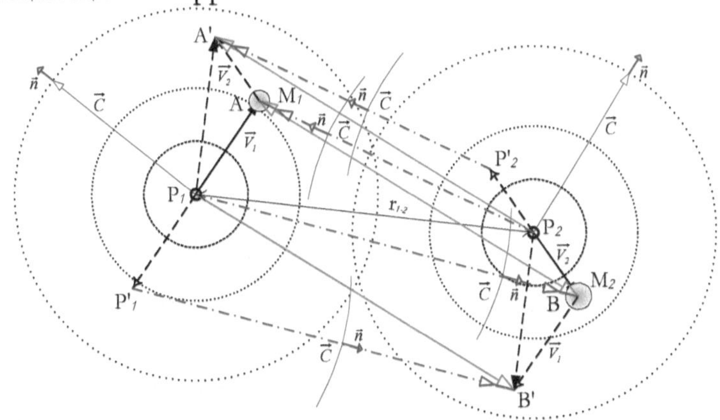

Рис.6. Распространение света при относительном и абсолютном движении тел.

На рис.6 показана суть постоянства скорости света при разных условиях: относительном измерение в соответствие со вторым принципом (постулатом), и абсолютном движении тел.

При относительном движении тел луч света, испущенный неподвижным с телом M_1 центром излучения P_1, достигнет тела M_2 в точке B', а луч света, испущенный неподвижным с телом M_2 центром излучения P_2, достигнет тела M_1 в точке A'. В результате не учета наличия Абсолютной системы отсчета и, соответственно, сноса, так называемым «эфирным» ветром, центров излучения P_1 в P'_1 и P_2 в P'_2 у параллелограммов $ABB'P_1$ и ABP_2A' стороны равны:

$|AB| = |P_1B'| = |P_2A'|$. Следовательно, одинаковы путь и время распространения света от тела к телу в прямом и обратном направлении.

В действительности же тело M_1 примет из центра P_2 луч света, испущенный телом M_2, сместившимся в точку B, а тело M_2 примет из центра P_1 луч света, испущенный телом M_1, сместившимся в точку A, в результате у параллелограммов $P_1BB'P'_1$ и $P_2AA'P'_2$ стороны неравны: $|P_1B| \neq |P_2A|$. Следовательно, неодинаковы путь и время распространения света от тела к телу в прямом и обратном направлении. Эквивалентность абсолютного и относительного движений тел M_1 и M_2 выполняется при единственном условии (рис.7) равенства векторов абсолютных скоростей тел и перпендикулярности к прямой, соединяющей их начала, в результате у прямоугольника P_1ABP_2 диагонали равны: $|P_1B| = |P_2A|$, т. е. вектора скоростей света имеют равные модули.

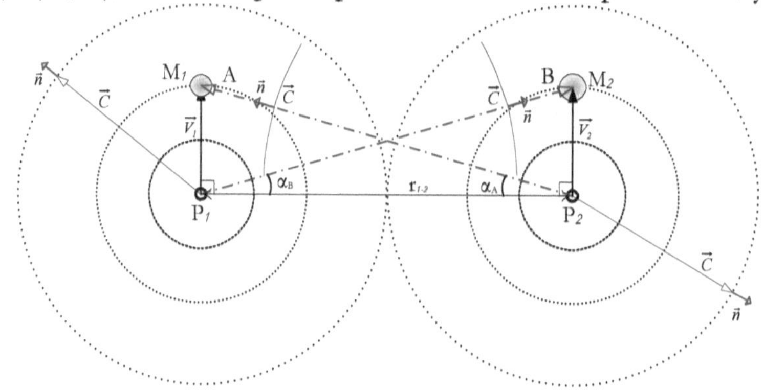

Рис.7. Условие эквивалентности абсолютного и относительного движения тел.

С введением Абсолютной системы отсчета возникает необходимость определения всякого движения тел весомой материи по отношению к ней. В виду того, что излучения, порожденные телами весомой материи, утратили с ними связь, абсолютная скорость тел относительно множества центров этих излучений может быть только состоянием [1], характеризуемым степенью их нарушенной симметрии. В противоположность этому, фронты излучения, распространяющиеся в Абсолютной гомогенной системе отсчета, симметричны относительно своих центров. Так как результаты опытов в новой интерпретации не подтвердили сокращение размеров тел в направлении движения, то нарушение симметрии касается непосредственно не тел, а структуры минимальных элементов, образующих их. Таким образом, состояние тел весомой материи относительно Абсолютной системы отсчета характеризует их абсолютное движение, тогда как перемещение в единицу времени – относительное движение тел.

Из всего выше сказанного с неизбежностью следует принцип: состояние тел весомой материи и абсолютная скорость их движения суть физические понятия эквивалентные и первопричиной друг другу не являются, определенной абсолютной скорости тела соответствует определенное его состояние и наоборот.

5. Заключение

В дополнение изложенного можно добавить, что для общего случая интерференции двух лучей (фронтов) света значения величины d в уравнении 5 – величины отличающей длины путей света в плечах при настройке интерферометра, будут:

$$d = \pm n\lambda + d_0,$$

где $n = 0, 1, 2, 3 \ldots, -\lambda < d_0 < +\lambda$.

Для некогерентных источников света значения величины d не должны быть больше *0,15м* – половины длины когерентности цуга испускаемых волн.

Ошибочность преобразований Лоренца не является основанием возвращения к принципу относительности и преобразованиям Г. Галилея (1564-1642), а является поводом для пересмотра принципа физического равноправия инерциальных систем отсчета.

Значение введения в физику Абсолютной координатной системы сопоставимо со значением введенной в математику позиционной системы счисления, которая, несмотря на кажущуюся естественность, тем не менее, явилась результатом длительного исторического развития. Позиционная система счисления построена на позиционном (поместном) принципе – наиболее совершенном принципе представления чисел, согласно которому один и тот же числовой знак (цифра) имеет различные значения в зависимости от того места, где он расположен. В ее основание положено понятие числа нуль (от лат. nullus – никакой). Поэтому в физике аналогами математических понятий чисел будут: центр излучения – нуль, центр тяжести тела – один. Абсолютная координатная система, исполняющая роль математических нулей, еще не востребована физикой, пребывающей на данном этапе исторического развития лишь в начале постижения общих закономерностей явлений природы, чем объясняется большое количество теорий ее формирующих. Неоднократные попытки поиска единой теории, единого взгляда на природу вещей и явлений пока терпели фиаско.

Введение в физику Абсолютной координатной системы и исследование связанной с ней физической сущности явлений природы приведут в процессе изменения фундаментальных представлений о Мире к единению физических понятий, что повлечет и в математике изменение представлений основных неопределенных понятий геометрии и формулировок ее аксиом. В силу того, что математика является наукой абстрактных количественных соотношений действительности, а физика – наукой законов действительности, то изменения представлений в каждой будут взаимны.

Литература

[1] Поплавной С.А. К оптике движущихся тел. «Доклады независимых авторов», изд. «DNA», Россия-Израиль, 2008, вып. 9, printed in USA, Lulu Inc., ID 3317801, ISBN 978-0-557-00927-5, http://dna.izdatelstwo.com/volume9.htm

[2] Лорентц Г.А. Теория электронов и ее применение к явлениям света и теплового излучения. Пер. с англ., 2е изд., М., «Гос. изд. технико-теоретической литературы», 1953.

[3] Эйнштейн А. Собрание научных трудов, т. 1. Работы по теории относительности 1905-1920, М., «Наука», 1965.

Хмельник С.И., Хмельник М.И.

Продольная волна в теле движущегося постоянного магнита

Аннотация

Рассматривается взаимодействие постоянного магнита с продольной магнитной волной, которая возникает при движении постоянного магнита. Показывается, что энергия такой волны преобразуется в магнитную энергию постоянного магнита, которая затем преобразуется в кинетическую энергию движущегося магнита. Устанавливается зависимость мощности преобразования энергии от частоты продольной волны и геометрических характеристик магнита.

Оглавление

1. Продольная волна в теле постоянного магнита

В [1] показано, что постоянный магнит создает поле, напряженность которого волнообразно изменяется вдоль оси намагничивания. В [2] рассматривается продольная энергозависимая волна, которая возникает вдоль оси намагничивания движущегося постоянного магнита. Она пронизывает тело движущегося постоянного магнита. В [5] строго доказывается возможность существования такой волны. Ниже рассматривается процесс обмена энергией между этой волной и магнитом.

Если в теле магнита возникает продольная стоячая электромагнитная волна (в каждой точке которой напряженность магнитного поля направлена по оси магнита), то на оси магнита в разных точках оси напряженность H будет различной. В результате вдоль оси возникает градиент напряженности, направленный вдоль оси. Как известно [3], на магнитный диполь действует в магнитном поле сила, пропорциональная этому градиенту и направленная в сторону увеличения абсолютной величины напряженности. Домены в теле постоянного магнита представляют диполи и на них, следовательно, при наличии продольной стоячей волны напряженности магнитного поля действуют силы, направленные по оси магнита.

Экспериментально доказано [3, 4], что домены под влиянием напряженности магнитного поля могут изменять свой объем и перемещаться по магниту (это перемещение не является механическим движением атомов, а является изменением магнитного состояния отдельных областей тела магнита подобно изменению упругого состояния отдельных областей кристаллической решетки). Таким образом, появление стоячей продольной волны в теле постоянного магнита вызывает неравномерное распределение доменов по оси магнита, т.е. их концентрация является некоторой функцией координаты, отсчитываемой по оси. Рассмотрим теперь количественные следствия рассмотренного процесса.

Рассмотрим длинный цилиндрический постоянный магнит, намагниченный вдоль оси цилиндра. Магнитная индукция B в его теле пропорциональна намагниченности M, а намагниченность пропорциональна количеству доменов в единице объема, ориентированных вдоль оси. В постоянном магните все домены ориентированы таким образом [3]. Точнее,

$$B = \mu_0 M\,, \tag{1}$$

$$M = \alpha \vartheta\,, \tag{2}$$

где - μ_0 - магнитная постоянная, α - магнитный момент одного домена, ϑ – концентрация доменов (количество доменов в единице объема). Таким образом,

$$B = \mu_0 \alpha \vartheta\,. \tag{3}$$

Функция $\vartheta(x)$ характеризует распределение концентрации доменов вдоль оси магнита ox, причем должно выполняться условие нормировки

$$D = \int_0^L \vartheta(x)dx\,. \tag{4}$$

где L - длина постоянного магнита, D – количество доменов в магните, отнесенное к площади магнита.

При возникновении продольной стоячей волны в теле постоянного магнита появляется дополнительная напряженность [1]

$$H(x) = h\sin(\beta x)\cos(\omega t)\,, \tag{6}$$

где h, β, ω – некоторые константы. Эта напряженность воздействует на домены (как показано выше) таким образом, что они смещаются вдоль оси OX по градиенту напряженности. Функция распределения концентрации доменов становится неравномерной, переменной во времени и приобретает вид

$$\vartheta(x) = m[1 + h\zeta \cos(\beta x)\cos(\omega t)]. \tag{7}$$

Здесь

ζ – коэффициент, учитывающий упругие связи, удерживающие домен в кристаллической решетке и зависимость концентрации от градиента напряженности,

m - коэффициент, который будет определен ниже,

слагаемое "1" в скобке – учитывает тот факт, что в отсутствие поля домены распределены равномерно,

В формуле (7) стоит не $\sin(\beta x)$, как в (6), а $\cos(\beta x)$, т.к. сила, действующая на домен, пропорциональна не напряженности, а градиенту напряженности.

Условие (4) выполняется, по-прежнему, поскольку количество ориентированных по оси доменов не изменяется - процесс происходит в области насыщения.

Рассмотрим некоторый момент времени t_o. В этот момент распределение доменов по оси OX неравномерно и описывается функцией

$$\vartheta(x) = m[1 + hc \cdot \cos(\beta x)], \tag{8}$$

где

$$c = \zeta \cos(\omega t_o). \tag{8a}$$

По (4) получаем:

$$D = \int_0^L m[1 + hc \cdot \cos(\beta x)]dx$$

или

$$D = mL + mhc\sin(\beta L)/\beta,$$

т.е.

$$m = D/(L + ch\sin(\beta L)/\beta). \tag{9}$$

В частности, при $h = 0$ (волна отсутствует) находим

$$m = D/L, \tag{9a}$$

а при $\beta \to 0$ находим

$$m \to D \Big/ L(1 + ch) \tag{9в}$$

Поскольку существует зависимость (3), то следует признать, что индукция в данном случае становится функцией координаты x и можно рассмотреть функцию распределения плотности индукции вдоль оси магнита ox. Из (3) следует, что

$$\frac{dB}{dx} = \mu_o \alpha \cdot \vartheta(x). \tag{10}$$

или, учитывая (8)

$$\frac{dB}{dx} = \mu_o \alpha \cdot m \cdot [1 + hc \cdot \cos(\beta x)] \tag{11}$$

Следовательно,

$$B(x) = \int_0^x \mu_o \alpha \cdot m \cdot [1 + hc \cdot \cos(\beta x)] dx \tag{11а}$$

или

$$B(x) = \mu_o \alpha \cdot m \cdot \left(x + hc \cdot \int_0^x \cos(\beta x) dx \right)$$

или

$$B(x) = \mu_o \alpha \cdot m \cdot (x - hc \cdot \sin(\beta x) / \beta) \tag{11в}$$

Магнитная энергия постоянного магнита, как известно,

$$W = \frac{B^2}{2\mu_o} \tag{13}$$

или

$$W = \frac{\mu_o \alpha^2 D^2}{2} \tag{13а}$$

и в отсутствии продольной стоячей волны постоянна. При некоторой функции распределения индукции можно рассмотреть еще функцию распределения плотности магнитной энергии вдоль оси магнита ox

$$\frac{dW(x)}{dx} = \frac{B(x)}{\mu_o} \frac{dB(x)}{dx}. \tag{14}$$

Учитывая (11, 11в), находим

$$\frac{dW}{dx} = \mu_o \alpha^2 m^2 (x - hc \cdot \sin(\beta x)/\beta) \cdot [1 + hc \cdot \cos(\beta x)] \quad (15)$$

Магнитная энергия всего магнита

$$W = \int_0^L \frac{dW}{dx} dx \qquad (16)$$

В приложении показано, что из (15, 16) следует

$$W = \mu_o \alpha^2 m^2 \left(\frac{L^2}{2} + \frac{h^2 c^2}{4\beta^2} (1 - \cos(2L\beta)) \right). \qquad (17)$$

В частности, при $h = 0$ (волна отсутствует) получаем

$$W_o = \mu_o \alpha^2 m^2 L^2 / 2, \qquad (18)$$

что следует также из (13а, 9а).

Видно, что при $h > 0$ энергия $W > W_o$. Таким образом, <u>магнитная энергия постоянного магнита увеличивается при неравномерном распределении доменов по длине магнита</u>. Переменная часть этой энергии (17) с учетом (8а) равна величине

$$W_{\text{var}} = W_1 \cos^2(\omega t), \qquad (19)$$

где

$$W_1 = \mu_o \left(\frac{\alpha m h \zeta}{2\beta} \right)^2 (1 - \cos(2L\beta)). \qquad (20)$$

Следовательно, стоячая волна привносит в постоянный магнит энергию (19).

2. Мощность преобразования энергии

Очевидно, энергия (1.19) периодически изменяется во времени от нуля до некоторого максимума. Эта энергия переходит в магнитную энергию постоянного магнита, которая затем переходит в кинетическую энергию движения этого магнита.

Найдем мощность перехода-преобразования энергии волны в магнитную энергию:

$$P = \frac{dW_{\text{var}}}{dt} = 2W_1 \omega \mathrm{Sin}(\omega t) \mathrm{Cos}(\omega t) = W_1 \omega \mathrm{Sin}(2\omega t) \quad (1)$$

Среднюю мощность преобразования найдем, имея в виду, что энергия волны переходит в магнитную энергию только в той части периода, когда она (энергия волны) уменьшается. Таким образом,

$$\overline{P} = \frac{1}{\pi/\omega} \int_0^{\pi/2\omega} \omega W_1 \mathrm{Sin}(2\omega t) = -\frac{W_1\omega}{\pi} \Big|_0^{\pi/2\omega} \mathrm{Cos}(2\omega t)$$

или

$$\overline{P} = W_1\omega/\pi . \tag{2}$$

Таким образом, мощность преобразования энергии в магнитную энергию (а затем в кинетическую энергию) постоянного магнита пропорциональна частоте волны.

Мощность преобразования энергии зависит от длины магнита. Действительно, из (1.20) следует, что мощность преобразования энергии пропорциональна величине $\left(1-\cos(2L\beta)\right)$. Отсюда следует, что

$$\begin{aligned} &\overline{P} = 0, \ \text{ if } \ L = k\pi/(2\beta), \\ &\overline{P} \Rightarrow \max, \ \text{ if } \ L = \left(\frac{\pi}{2} + k\pi\right)\Big/(2\beta). \end{aligned} \tag{3}$$

Заметим еще, что величина β определяется конструкцией системы с движущимися магнитами [1].

Приложение

Из (1.15) получаем

$$\frac{dW}{dx} = \mu_o\alpha^2 m^2 \begin{pmatrix} x - hc\cdot\sin(\beta x)/\beta + \\ xhc\cdot\cos(\beta x) - 0.5h^2c^2\sin(2\beta x)/\beta \end{pmatrix}. \tag{1}$$

Из (1.16) с учетом (1) находим

$$W = \mu_o\alpha^2 m^2 \int_0^L \begin{pmatrix} x - hc\cdot\sin(\beta x)/\beta + \\ xhc\cdot\cos(\beta x) - 0.5h^2c^2\sin(2\beta x)/\beta \end{pmatrix} dx . \tag{2}$$

или

$$W = \mu_o \alpha^2 m^2 \begin{pmatrix} \frac{L^2}{2} - hc\left(\cos(L\beta) - 1\right) / \beta^2 + \\ hc \cdot \int\limits_0^L x \cos(\beta x) dx - \\ - 0.25 h^2 c^2 \left(\cos(2L\beta) - 1\right) / \beta^2 \end{pmatrix}.$$

Т.к.

$$\int x \cos(\beta x) dx = \left(\frac{\cos(\beta x)}{\beta^2} + \frac{x \sin(\beta x)}{\beta} \right),$$

то

$$\int\limits_0^L x \cos(\beta x) dx = \left(\frac{\left(\cos(\beta L) - 1\right)}{\beta^2} + \frac{L \sin(\beta L)}{\beta} \right).$$

Таким образом,

$$W = \mu_o \alpha^2 m^2 \begin{pmatrix} \frac{L^2}{2} - hc\left(\cos(L\beta) - 1\right) / \beta^2 + \\ \frac{hc}{\beta^2} \cdot \left(\left(\cos(\beta L) - 1\right) + \beta L \sin(\beta L)\right) - \\ - 0.25 h^2 c^2 \left(\cos(2L\beta) - 1\right) / \beta^2 \end{pmatrix}$$

или

$$W = \mu_o \alpha^2 m^2 \left(\frac{L^2}{2} + \frac{hc}{\beta^2} \begin{bmatrix} \left(1 - \cos(L\beta)\right) + \\ + 0.25 hc\left(1 - \cos(2L\beta)\right) \\ \begin{pmatrix} \left(\cos(\beta L) - 1\right) + \\ + \beta L \sin(\beta L) \end{pmatrix} \end{bmatrix} \right) \qquad (3)$$

или

$$W = \mu_o \alpha^2 m^2 \left(\frac{L^2}{2} + \frac{hc}{\beta^2} \begin{bmatrix} 0.25hc(1-\cos(2L\beta)) \\ +\beta L \sin(\beta L) \end{bmatrix} \right) \tag{4}$$

При $h >> 1$ (что соответствует реальности) в (4) вторым слагаемым можно пренебречь, после чего получаем

$$W = \mu_o \alpha^2 m^2 \left(\frac{L^2}{2} + \frac{h^2 c^2}{4\beta^2} (1-\cos(2L\beta)) \right). \tag{5}$$

Литература

1. Хмельник С.И., Мухин И.А., Хмельник М.И. Продольные волны постоянного магнита «Доклады независимых авторов», изд. «DNA», Россия-Израиль, 2008, вып. 8, printed in USA, Lulu Inc., ID 2221873, ISBN 978-1-4357-1642-1.
2. Хмельник С.И., Хмельник М.И. К вопросу о «магнитных стенах» в экспериментах Рощина-Година «Доклады независимых авторов», изд. «DNA», Россия-Израиль, 2008, вып. 8, printed in USA, Lulu Inc., ID 2221873, ISBN 978-1-4357-1642-1.
3. Зильберман Г.Е. Электричество и магнетизм, Москва, изд. "Наука", 1970.
4. Кандаурова Г.С. Природа магнитного гистерезиса, Уральский государственный университет, Екатеринбург,1997, http://www.pereplet.ru/obrazovanie/stsoros/248.html
5. Хмельник С.И. Продольная электромагнитная волна как следствие интегрирования уравнений Максвелла. Данный сборник.

Серия: **ФИЛОСОФИЯ**

Фрейман И.Е.

Материя в системе геометрических образов и понятий

Аннотация

Конструируется понятие материи на основе предполагаемой объективной реальности - системы оценки математической точки в трехмерном континууме абсолютных измерений. Конструкция вмещает не только материю, и представляет скорее конструкцию мира в разрезе геометрических образов и понятий.

У понятия есть удачное определение: «объективная реальность, данная нам в ощущениях...». И тем не менее «данное в ощущениях» – реальность уже субъективная, тогда как стоящее до ощущений, объективное, мы не ощущаем и можем лишь предполагать некие абстрактные конструкции, каковые материей назвать затруднительно. Но если не привязывать сюда материю, реальность действительно представляют такие конструкции...

Разве она должна быть какой-то другой? Почему реальность не может представлять геометрическое существо? Следуя логике абстрагирования именно такое существо она и представляет, ибо чем тщательнее от несущественного освобождаемся, тем большую абстракцию существа получаем. Там, в самом начале, стоит математическая точка, она есть то, из чего исходит и к чему непременно приходит мир в результате своей эволюции. Предполагать бесконечное расширение было бы абсурдным, любая бесконечность – замкнутый цикл, замыкающийся где-то за пределами наших ощущений и представлений.

Но что же все-таки материя? То, что выходит из математической точки и проявляется посредством ряда субъективных отношений разного рода и уровня. То, что доходит до человеческого сознания, где вновь преобразуется в логические конструкции, и далее, путями абстракции, возвращается к собственным истокам. Невозможно четко определить границы понятия, где оно материально, где еще или уже идеально, в общем понятие довольно подвижно, как, впрочем, и все этого уровня.

Тем не менее камень не вызывает сомнений в своей материальности. Можно ли проследить путь от математической точки до этого момента ее проявления? Оказывается можно... Начнем с того, что точка, будем именовать ее абсолютной определенностью - одна сторона определения. Она должна где-то стоять, т.е.представлять определенность собственной неопределенности, каковая будет другой ее стороной. Неопределенность положим трехмерным континуумом абсолютных, еще не геометрических, вполне абстрактных измерений, без определенного базиса. Последний определяет первая сторона, т.е. точка, представляющая трехмерную систему оценки иного себя, т.е. потенциальных определенностей континуума.

Обратим внимание: внешним образом определяем лишь точку в континууме, система ее оценки континуума остается неопределенной, точка имеет свободу ориентации собственного базиса, никак не определяемого ее положением. Любое положение и любая ориентация базиса оказываются в данном случае равноценны, ибо полагают континуум в виде всегда одинаковой конструкции, каковую рассмотрим ниже, но прежде обратим внимание еще на одно обстоятельство:

Абсолютный континуум трехмерен, его потенциальная определенность имеет три степени свободы изменения, именно положения, ни о каком вращении базиса речи нет, как нет и самого базиса до его определения. С появлением реальной определенности мы вроде бы должны потерять свободу оценки континуума, привязывая ее к определенному базису, и непременно теряем. Но тут же, с другой стороны, приобретаем эту же свободу, проявляемую в свободе ориентации базиса, те же три степени свободы и приобретаем. Это та самая свобода и есть, ее модификация, представляющая тот же континуум, но в оценке определенности.

Абсолютная среда теряется, приобретается другая, среда оценки определенностью собственной неопределенности, конструкция каковой представлена ниже. При этом полагается нижележащий уровень определения, трехмерный континуум, составляемый измерениями определенности, с точки зрения определенности уже этого континуума не отличимый от абсолютного. Нижележащих может быть бесконечное множество, потому логично будет замкнуть на себя и эту бесконечность. В мире наблюдаем три очевидных, именуемых: начала, качество и количество, можем предположить четвертый, неочевидный, замыкающий эту тройку, предполагать большее нет оснований…

Итак, трехмерная бесконечность континуума преобразуется в конечную четырехмерную конструкцию замкнутой на себя трехмерной среды, четвертым выступает свобода ориентации структуры определенности, являющаяся угловым измерением, замыкающим бесконечную трехмерную среду на себя самое. Может показаться странным прирост количества измерений, вполне законный при определении системы оценки бесконечности. Мы ничего здесь не теряем и не приобретаем, лишь преобразуем трехмерную бесконечную конструкцию в четырехмерную, но конечную, каковой по существу и является любая бесконечность в большем количестве измерений, здесь просто очевидно проявляется это свойство.

Конструкция есть замкнутое на себя пространство потенциальных определений данной определенности. Она реальна и в трех измерениях оценки субъекта, определяющего как бы одну из четырех сторон и имея т.о. ее отражение в трехмерном зеркале собственного восприятия. Конечно субъекта здесь еще нет, во всяком случае того, которого обычно под этим термином понимаем, есть определенность, определяющая систему первичной оценки, каковую можно именовать основанием субъективности, оставляя за конструкцией, ей же и полагаемой, качество основания объективности. Конструкция первичной среды - прообраз всех присутствующих в мире объектов, начало всего. Из нее, уже как отражения, происходит бесчисленное множество конструкций нижележащих. В первом приближении они есть атомы, из которых состоит материя мира физического. Но это атомы не материи, скорее мира, любая, самая великая и совокупная определенность которого в своем существе есть этот именно атом.

Здесь представляется возможность заглянуть внутрь атома, чего физическая наука сделать не в состоянии. Однако именно здесь заглянуть еще слишком рано, уровень определения неадекватен человеческим представлениям. Конструкция не отражает какой-либо формы человеческих представлений. Можем представить геометрическую конструкцию, но геометрические представления уже есть нечто определенное, как раз и определенное в самом первом, абсолютном определении, разбивающем абсолютный континуум на три определенных представления начал нашего мира. Таков результат оценки абсолютного континуума с трех различных его сторон, соответствующих трем независимым направлениям системы оценки первичной определенности. Каждое начало – самостоятельный трехмерный континуум актуально-бесконечных, определенного характера измерений. Каждое имеет свои определенности, полагающие свою субъективную среду определенного выше характера.

Одно начало геометрическое, представляет субъекту геометрические конструкции своих определенностей. Если определить остальные, определения окажутся неожиданными. Второе будет пространством событий, это представляет органическое начало мира, третье – пространством самости и представляет субъективное существо. Здесь еще невозможно связать определения в единое целое, поскольку использованы понятия, отличные от представлений, обычно вкладываемых в одноименные термины. Потому оставим пока второе и третье, ограничившись их равноценностью и аналогией геометрическому началу.

Геометрическую конструкцию атома реально рассмотреть, но прежде - несколько слов о субъекте.

Многоуровневое понятие, имеющее в каждом из уровней определения своего соразмерного представителя. Высший уровень – первичная определенность, где субъект и объект едины, она же основание субъективности, ниже субъект - сторона конкретного субъективного отношения, соответствующая определяемому по уровню определения.

Характерная черта субъекта – ступенчатое определение, без определения вышележащего нижележащего еще не существует, вернее оно как раз и определяется определением вышележащего в качестве неопределенности возможных определений. При этом определение происходит в том же самом акте определения иного, определяющего одной из своих сторон субъекта определения, о чем более подробно будет сказано ниже.

Так субъект превращается в достаточно аморфную снизу и всеобъемлющую конструкцию; единство понятия субъекта – иллюзия, идентификация с одной из многочисленных его форм, субъект это цепь определений, протянутая от единой абсолютной до той, отношение с которой в данной момент рассматривается, растекающаяся ниже в неопределенности возможных, и далее вовсе никаких его определений.

Итак, геометрическая конструкция атома есть замкнутое на себя пространство, четырехмерная форма, определяемая субъектом. Система оценки субъекта представляет трехмерную структуру всегда изотропных геометрических измерений, свободную в определении собственной ориентации. Это не означает, что субъект свободен как-то ее ориентировать, просто она не определена внешним образом, потому находится в процессе свободного движения в себе, каковое можно охарактеризовать как вращательное.

Еще не касались понятия времени, имеющего свое основание в предлагаемой системе представлений. Детальное его рассмотрение не входит в задачу настоящей работы, определим его как некоторый глобальный процесс, подобный свободному движению в себе и происходящий на высшем уровне определения с абсолютной определенностью, так же свободной в замкнутой на себя всеначальной среде, ей же и полагаемой. Реализация свободы геометрической определенности субъекта происходит на фоне этого глобального процесса, потому уже можем охарактеризовать процесс как свободное движение в себе.

Сложнее окажутся субъективные определенности. Пока речь о потенциальных определенностях, математических точках, имеющих лишь геометрические координаты в системе измерений субъекта и в совокупности полагающих собой среду. Они так же свободны в движении в себе, но потенциально, поскольку ничего кроме точки не представляют, так же потенциально имеют собственную систему оценки среды. Это трехмерная структура, аналогичная структуре измерений субъекта, однако определяемая субъектом извне, т.е. представляющая результат субъективного отношения, искажающего объективную структуру определенности. Каждая точка среды имеет свою, отличную от субъекта, структуру, отличие которой состоит в величине угла между измерениями. Свобода в угловом измерении субъективной определенности как раз и составляет свобода изменения этого угла. Среда полной своей конструкцией представляет все возможные состояния потенциальных определенностей, углы между всеми тремя измерениями которых представляют все возможные, т.е. от нуля до 360 градусов, далее по циклу. Положение определенности относительно положения субъекта в единой обоих среде определяет ее состояние, потому среда и представляет геометрическую конструкцию, которую можем вообразить и описать.

Четырехмерную конструкцию можно представить в четырех трехмерных сечениях. Сейчас говорим о конструкции, полагаемой определенностью субъекта в континууме геометрического начала, три из четырех сечений которой окажутся поверхностью тора с нулевым внутренним диаметром, различно ориентированные, поскольку составляются различными измерениями, четвертое – сфера. Ниже изображена одна из первых трех (рис. 1):

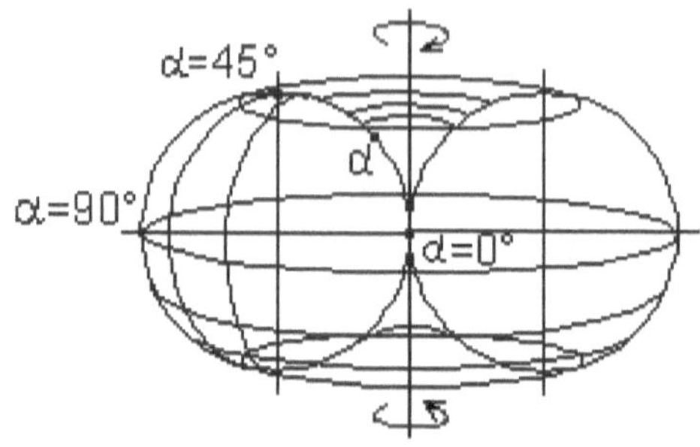

Рис.1

На поверхности тора показаны точки - определенности с обозначением угла между двумя линейными измерениями их структуры, составляющим у определенности на большем диаметре 90 градусов, и в центре тора – 0 градусов. Поскольку можем уже рассматривать поверхность как динамическую, определенности большего диаметра окажутся неподвижны относительно субъекта, находящегося на том же диаметре, определенности центральной части будут двигаться вокруг центра формы со скоростью, стремящейся к бесконечности, в противоположную с обоих концов сторону. Таково уже проявление свободного состояния определенностей в конструкции, заключающей в себе все возможные состояния.

Это еще не атом, его основание, характерное для конструкции, полагаемой самим субъектом. Центр замыкания здесь всегда в бесконечной удаленности субъекта оценки, вокруг себя он наблюдает изотропную трехмерную геометрическую среду, потому и представление оказывается весьма абстрактным. Конструкция физического атома всегда субъективная определенность, потенциально равноценная субъекту, потому представляющая аналогичную субъекту конструкцию, но находящуюся уже в среде субъекта, где последний может ее оценить в непосредственной близости центра. Это будет самостоятельный центр замыкания единой обоих субъективной среды, отличный от полагаемого субъектом лишь собственным потенциалом. Атомарная конструкция как бы растворяется в среде с удалением от собственного центра; нечто похожее на воронку в воде, структурирующей поверхность воды по всей площади водоема, однако реально ощутимую лишь в непосредственной близости центра. В трехмерной среде тороидное сечение выглядит следующим образом (рис. 2):

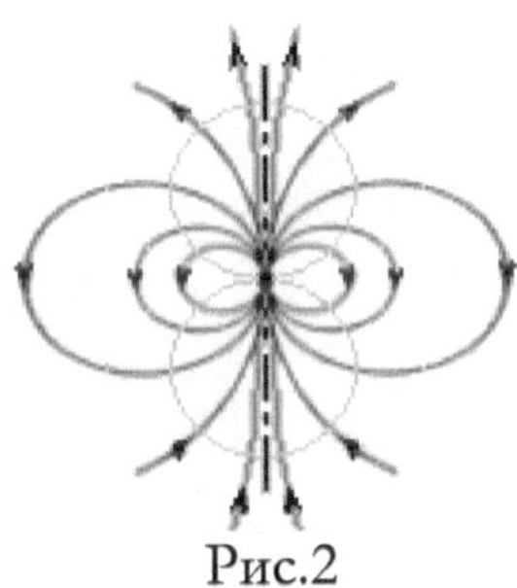

Рис.2

Аналог представляет конструкция магнитного поля диполя, или рамки с током, так же тороидное сечение, растворяющееся в пространстве, с той лишь разницей, что здесь изображено одно из четырех трехмерных сечений полной конструкции. Сфероидное выглядит следующим образом (рис. 3):

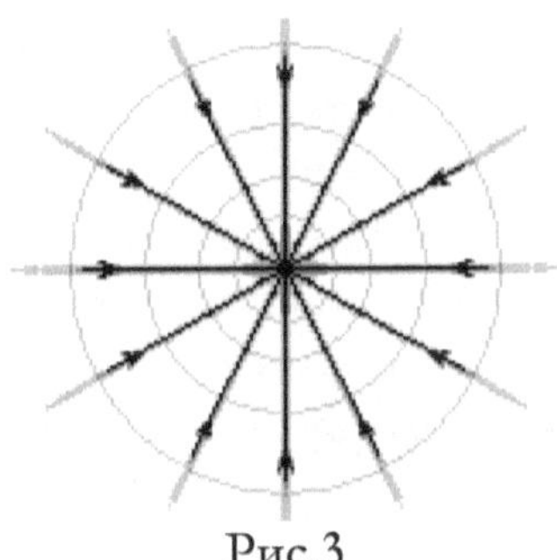

Рис.3

Стрелками и толстыми линиями обозначены линии развития потенциала, движение по которым будет наикратчайшим в искривленном пространстве атома, тонкими серыми –поверхность потенциала. Вообще понятие потенциала требует отдельного рассмотрения, оно оказывается многоуровневым, здесь наблюдаем проявление одного из них. В полном объеме оно будет рассмотрено ниже, когда окажутся очевидными все проявления.

Заметим, как субъективная определенность атомарная конструкция суть отражение объективной, т.е. вполне аналогичной субъекту, в зеркале системы оценки субъекта. Выше изображена вполне соответствующая субъекту конструкция, не искаженная субъективным отношением, как бы находящаяся на большем диаметре тороида субъективной среды и имеющая изотропную структуру собственных измерений, аналогичную структуре субъекта. Иные определенности характеризуются иными структурами, сообразно и формы конструкций их собственной среды будут отражать состояние собственных структур.

Состояние форм характеризуется как структурная деформация, каковой можно именовать и состояние анизотропных структур в отношении изотропных. Деформированное сечение тора выглядит следующим образом (рис. 4):

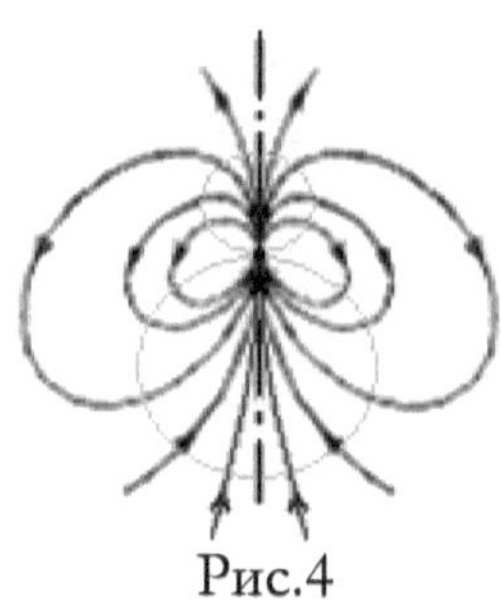

Рис.4

Размеры окружностей поверхности потенциалов (тонкие серые линии) с каждой стороны тороида отражают неравновесие полюсов биполярной конструкции, такой же рисунок магнитных линий можно получить на диполе, находящимся во внешнем магнитном поле другого магнита, когда один из полюсов будет подавляться внешним воздействием, другой наоборот, будет им стимулирован.

Сферическое сечение выглядит следующим образом (рис. 5):

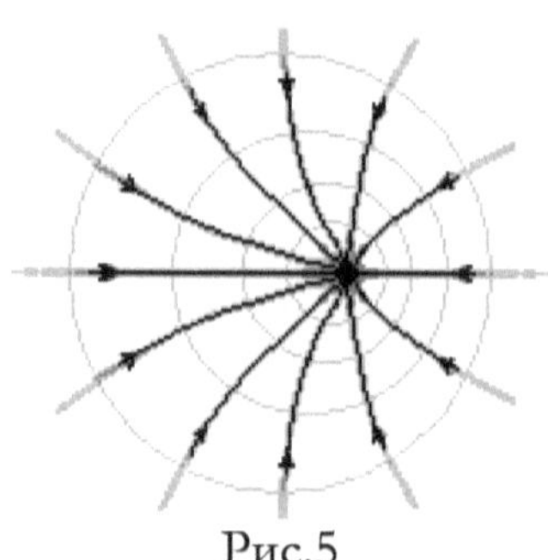

Рис.5

Центр конструкции как бы смещен в сторону и на расстояние, соответствующие степени и направлению анизотропии измерений структуры, данной определенностью представляемой. Последняя пара изображений представляет внутреннюю деформацию структуры, но это не единственный вариант возможной деформации, существует линейная деформация, превращающая тор в тороид, а сферу в сфероид, сплюснутые или вытянутые вдоль того или иного линейного измерения формы.

Если говорить о конструкции физического атома, она представляет первую пару изображений. Физическая материя нашего мира сосредоточена как правило на большем диаметре конструкции субъективной среды. Это нейтральное состояние, каковое обычно и наблюдаем. К нему же относятся и формы линейной деформации. Структурно-деформированные конструкции второй пары находятся в состоянии равноускоренного движения относительно субъекта их определения, это центростремительное ускорение движения по орбите вокруг центра субъективной среды, происходящее где-то там, в бесконечной, во всяком случае значительной, удаленности от субъекта. Тем не менее это так же естественное состояние, равноценное состоянию субъекта, каковой сам находится именно в этом же состоянии относительно тех далеких определенностей.

Здесь уже удобно сказать о потенциале. Понятие трехуровневое. Высший, или «общий», определяет совокупную величину иного во вселенной, или среде субъекта. Величина постоянная, независимая числа и качества присутствующих в среде конструкций, и есть скорее характеристика среды. Для всех определяемых субъектом конструкций видим два: «верхний» и «нижний». Верхняя величина скалярная, выступающая основанием проявления нижнего. Ее можем оценить как объем условной трехмерной формы, поверхность которой составляют определенности некоторой предустановленной степени анизотропии собственных структур.

Нижний - его производная, определяет долю и направление реализации верхнего и представляет состояние формы определенного выше объема. Ее удобно определить как вектор, выражающий степень и направление общей анизотропии структуры определенности, либо направление и величину смещения центра формы относительно условных ее краев. Обычно таковая есть следствие парного определения среды, возникающего при взаимодействии субъективных конструкций, занимающих собой каждая всю субъективную среду. Нижний потенциал, по аналогии с потенциалом металлического предмета в магнитном поле, можно именовать наведенным, т.е. зависимым от наводящего, определяющего деформацию формы в соответствии с ее положением в среде наводящей потенциал конструкции.

Говоря о деформации формы, ее следует разделять на угловую, т.е. деформацию внутренней структуры, обеспечивающую нижний потенциал, и линейную, т.е. деформацию вдоль трех линейных измерений формы, никакого потенциала не обеспечивающую. Тем не менее линейная так же играет в конструкции свою роль, о которой будет речь несколько ниже.

Предлагаемая геометрическая конструкция атома наверное вызовет массу возражений, главным из которых окажется очевидный сегодня состав, никак не вписывающийся в цельную конструкцию замкнутой на себя геометрической среды. Действительно, атом можно разбить, при этом зарегистрировать наличие частей, неравноценных по характеру. Но так же возможно разбить полнозамкнутую, т.е. замкнутую по всем четырем измерениям, конструкцию на конструкции, замкнутые по одному, двум и трем измерениям. Незамкнутая ими среда замыкается в конструкции, полагаемой субъектом, они представляют т.о. часть субъекта, недостаточно самостоятельную для определения собственных взаимодействий. Ориентация их в среде субъекта в той или иной степени определена, потому уже определены и взаимодействия с себе подобными. Во взаимодействии они встречаются определенным их типом образом и способны порождать лишь полнозамкнутые конструкции.

По аналогии с изображенными выше возможно изобразить и эти неполные структуры:

Одно замкнутое измерение

Наиболее простая конструкция. Если среду упростить до двух линейных и углового, выглядит как поверхность воронки в воде. Движение частичек жидкости по поверхности позволяет составить представление о степени и направлении анизотропии структур определенностей, именно: в бесконечной удаленности от центра воронки структуры изотропны, с приближением к центру угол между измерениями уменьшается и в самом центре сводится к нулю.

Упрощенная среда не содержит измерения, нормального к плоскости двух линейных, трехмерная форма воронки суть оценка, внешняя конструкции. Если представить то же самое в трехмерной среде, получим объемную форму, вокруг оси которой происходит циклическое движение потенциальных определенностей. Она имеет центральную точку с нулевым углом между измерениями соответствующей определенности, где угловая скорость движения среды стремится бесконечности, но с удалением от которой уменьшается. Общая форма – тороид (тонкий контур серого цвета), не имеющий определенных границ в среде, как бы растворяющийся в ней с удалением от центра конструкции (рис. 6):

Рис.6

Изображенная фигура - симметричное состояние, в общем случае конструкция может быть асимметричной. Линейная асимметрия проявляется в виде деформации в сечении, перпендикулярном главной оси формы, где увидим вместо окружности эллипс, либо проходящем по главной оси, где увидим в основании тороида эллипсы, симметричные относительно главной горизонтали. Угловая проявляется в виде деформации в сечениях, проходящих по главной оси, где увидим следующую фигуру (рис. 7):

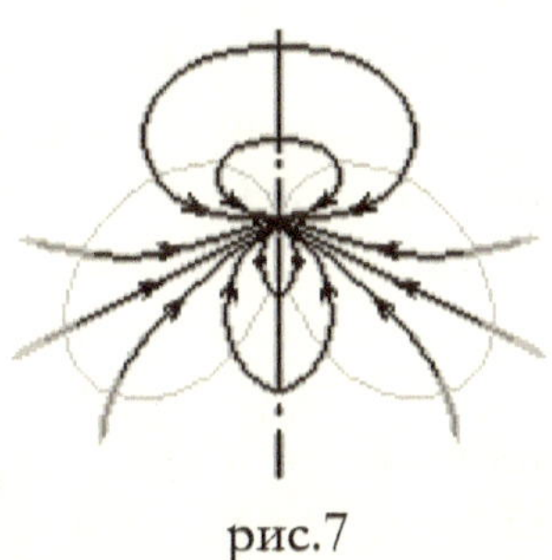

рис.7

Здесь верхний потенциал - объем условного тороида (контур серого цвета), нижний – степень и направление деформации этого же тороида.

Два замкнутых измерения

Немногим более сложная конструкция. Если смоделировать среду двумя линейными и угловым, форма будет представлять тор с нулевым внутренним диаметром, изображенный на рис. 1. Та же конструкция в трехмерной среде представляет следующую фигуру (рис. 8):

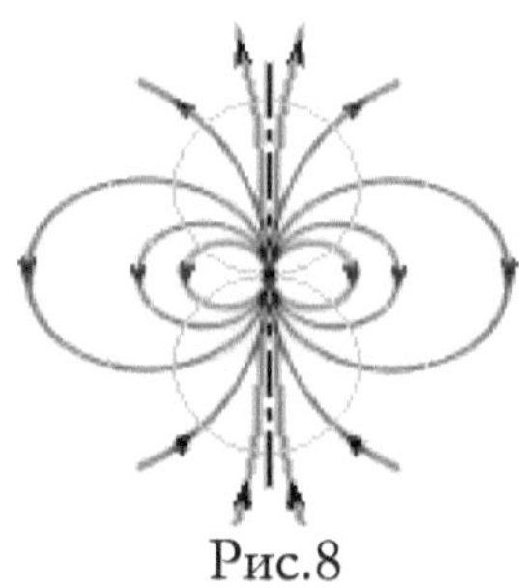

Рис.8

Конструкция биполярна. Аналогичную представляет магнитное поле диполя, так же диполей в жидкости и газе, получаемых при организации направленного движения среды через условную точку. При этом вращение среды по разные стороны центра будет происходить в противоположные стороны. Вторая часть линий (тонкие серого цвета без стрелок) изображает поверхности потенциала, каковые здесь представляются в виде двух симметричных сфероидов, соприкасающихся в центре конструкции и демонстрирующие равновесие полюсов, в результате чего конструкция в целом оказывается нейтральной.

Изображенная фигура - частный случай симметричного состояния, в общем случае форма будет характеризоваться асимметрией, пропорциональной нижнему потенциалу. Линейная асимметрия проявляется в виде деформации в сечении, перпендикулярном главной оси формы, где увидим вместо окружности эллипс, либо проходящих по главной оси, где увидим в основании тороида эллипсы, симметричные относительно главной горизонтали. Угловая проявляется в виде деформации в сечениях, проходящих по главной оси, где увидим фигуру, изображенную ниже (рис. 9). Угол наклона эллипсов в идеале будет составлять 45 градусов, но может быть иным, что следует отнести уже к линейной асимметрии.

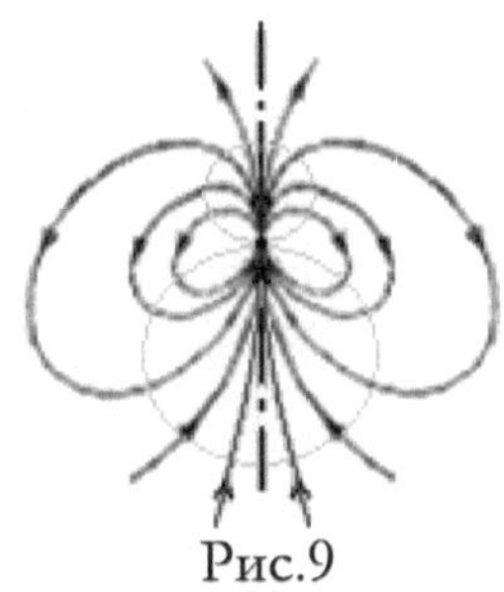

Рис.9

Эта форма отражает факт неравновесия полюсов, кривизна контура силовых линий (толстые со стрелками) вблизи каждого пропорциональна величине его потенциала. Такая форма как правило не существует вне взаимодействия с основанием, либо иным, внешним образованием, проявляемой на формах обоих образований.

Три замкнутых измерения

Более сложное образование. С некоторой долей условности можно его представить как биполярную конструкцию двух замкнутых измерений, являющуюся единственной определенностью конструкции одного замкнутого измерения, вращающуюся по орбите вокруг главной ее оси.

Трехмерная форма, аналогично предшествующим, как бы растворяется в среде основания с удалением от центра, на рисунке видим ее центр. В симметричном состоянии это выглядит следующим образом (рис. 10):

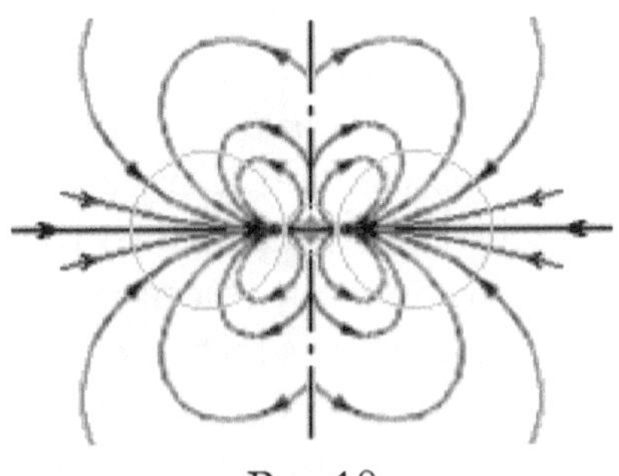

Рис.10

Конструкция в целом не является биполярной и может быть асимметричной. Линейная асимметрия проявляется в виде деформации в любом сечении, при условии сохранения симметрии относительно главной оси формы и главной плоскости, перпендикулярной главной оси. Угловая проявляется в виде деформации в сечениях, проходящих по главной оси, где увидим фигуру, характеризуемую различной степенью угловой асимметрии образующего форму тороида в зависимости от его положения. Форма такого образования изображена ниже (рис. 11):

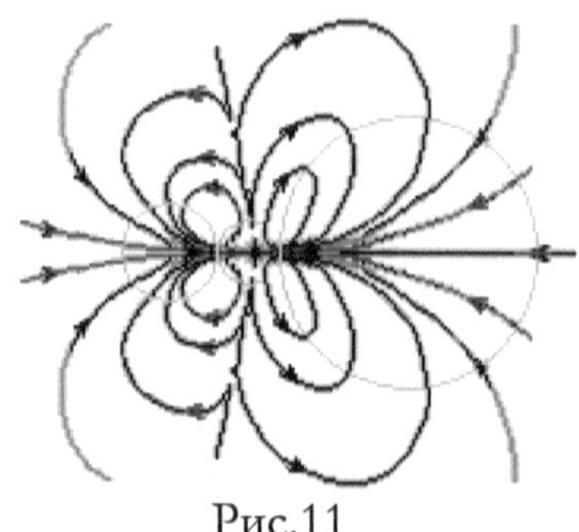

Рис.11

Вторая часть линий структуризации (тонкий контур серого цвета, без стрелок) в виде двух окружностей различного диаметра, представляет сечение тороида, как бы выполненного из замкнутой на себя расширяющейся и сужающейся трубы, каковая есть поверхность потенциала, т.е. условной формы, по которой можем определить верхний потенциал конструкции.

Обращает на себя внимание факт соответствия биполярной формы двух замкнутых измерений (рис. 8, 9), и форм, представленных выше как одно из трех динамических сечений полнозамкнутой конструкции (рис.2,4). Фактически здесь одна форма и есть. Три неполные конструкции - те же сечения полнозамкнутой; сечение подразумевает абстрагирование от того или иного измерения, неполные конструкции есть абстрагирование от трех, двух и одного соответственно, с рассмотрением оставшегося в полноценной системе измерений субъекта. Динамическое, или угловое, измерение присутствует в каждой из трех конструкций.

По аналогии с элементарными частицами можем раздать им имена: «электрон», нейтрон» и «протон». По предварительным прогнозам они характеризуются поведением, весьма похожим на поведение обнаруживаемых в результате разбиения атомарной конструкции одноименных частиц.

Следует добавить, что конструкция атома не состоит из неполных структур, лишь разбивается на определенное число определенных типов и размеров конструкций, что очевидно и определило современное понятие атома как составного образования. Основание квантуемости на деле оказывается несколько более сложным, нежели простое сложение. Кроме квантуемости размера и потенциала существует квантуемость формы, полагающей атомам собственный характер…

Основания квантуемости в рамках только геометрического начала не обнаружим, оно выходит за эти рамки, предполагая соответствие геометрических конструкций определенностям, формы которых в геометрической среде наблюдаем.

Начало органическое

Рассмотрим начало органическое и среду, полагаемую в континууме начала органической определенностью. Следует заметить, что определение органической среды есть сторона акта определения, определяющего одновременно и геометрическую среду. Определенность геометрическая - производная органической. Если геометрическая суть результат отношения некоторой объективной определенности с определенностью субъекта, то органическая суть само данное отношение, существующее как основание геометрического результата, однако же представляющее самостоятельную определенность среды органической.

Органическая определенность – событие определения. Первой, объективной, определенностью континуума начала является субъект, событие, полагающее органическую среду, в которой определяются иные, уже субъективные определенности событий данного субъекта. Среда представляет трехмерное пространство событий, замкнутое на себя в четвертом, угловом измерении, образуя т.о. конечную четырехмерную конструкцию, подобную геометрической. Сам субъект является трехмерной определенностью положенной им среды, свободной в определении в четвертом, угловом измерении.

Субъективная определенность среды органической – событие субъекта, представляющее реальную органическую конструкцию, аналогичную конструкции субъекта, но определяемую субъективно, следовательно являющуюся элементом среды субъекта. Так же четырехмерная конструкция, формы проявления каковой можно оценить на геометрических аналогах. Она может иметь угловую асимметрию, совершая движение относительно субъекта; это будет движение в органической среде, подобной геометрической, но не ее копии. Она может иметь линейную асимметрию, определяющую собственный характер события и сообразные ему следствия. Она так же может быть разбита на элементарные частицы, определенности каковых являются первообразной геометрических, при этом определенности собственной среды.

Органическая определенность обладает собственным, органическим потенциалом, сколь угодно отличным геометрического. Потенциал так же имеет три уровня, т.е. «общий», «верхний» и «нижний». «Общий» характеризует среду субъекта, «верхний» и «нижний» – величину и характер деформации конструкции среды субъективной определенности соответственно. Если подняться еще выше, можно обнаружить и четвертый уровень потенциала, характеризующий всеначальную среду вселенной, каковая ничего не скажет субъекту из состава той же вселенной.

Имея уже представление об обоих началах можно несколько продлить законы строения геометрических форм. Симметричная форма соответствует определенному, можно сказать единичному, отношению потенциалов каждого из начал. Несоответствие «верхнего» органического потенциала, именно недостаток организации, проявляется в угловой асимметрии геометрической конструкции, т.е. обеспечивает ей «нижний», связанный с внешним ее движением по орбите в среде субъекта. Полное отсутствие организации человек воспринимает как состояние плазмы, такова вполне неорганизованная геометрическая среда. Избыток организации невозможен, она будет организовывать внешнее окружение, обеспечивая совокупные образования, но недостаток вполне реален для отдельной конструкции.

Кроме «верхнего» реальная органическая определенность имеет «нижний» потенциал, каковой так же отражается на строении геометрической формы. Потенциала последней он не затрагивает, но приводит к внешней, линейной деформации формы, превращая ее в сфероид, сплюснутый или вытянутый по тому или иному из трех линейных ее измерений. Нельзя сказать, что такая деформация безразлична определенности, она обеспечивает ей собственный характер, проявляемый в организации внешних структур. Для физических атомов это химические соединения, кристаллическая решетка…

Уже можно понять принципы сочетаний элементарных геометрических конструкций. Химическое соединение представляет совокупное образование, создаваемое атомарными конструкциями линейной асимметрии. Симметричными можем считать разве что инертные газы. Получить соединение исходя из законов строения геометрических конструкций пожалуй и невозможно, объединяет здесь другое начало. Проявляет себя нижний потенциал уже органических форм, полагающий ускорение определенности в направлении события, этот потенциал наводящего. Наводящим является вторая определенность, так же устремляющаяся к первой, поскольку уже та является наводящей в ее отношении.

Механизм взаимодействия оказывается общий, независимо начала, представленного конструкцией, его удобно рассмотреть на основании геометрического начала. Будет рассмотрено трехмерное сечение четырехмерной конструкции, именно биполярное, с замыканием среды по двум измерениям. Полнозамкнутая имеет в себе еще два таких же, но во взаимодействии активна одна, ориентированная по линии, соединяющей центры взаимодействующих конструкций, она и определяет результат. До взаимодействия (если такое состояние вообще возможно) ориентация полнозамкнутой неопределенна и определяется взаимодействием, где проявляется активная биполярная часть, прочие же ориентируются перпендикулярно активной и остаются нейтральны.

Уже отмечено, что конструкция среды субъективной определенности занимает собой всю среду. Если представить рассматриваемую как определенность среды другой, взаимодействующей с ней определенности, движущуюся по орбите вокруг ее центра, степень анизотропии структуры первой уже вполне определяет и ее ускорение. Форма конструкции среды лишь отражает структуру ее измерений, это форма угловой асимметрии, степень и направление которой соответствует степени и направлению анизотропии структуры. Форма изображена выше (рис.9) как форма определенности, имеющей наведенный потенциал, который и проявляется в ускорении.

Однако причина ускорения не есть только внешнее положение определенности в среде другой, наводящей ее потенциал, но равно внутреннее состояние собственной среды наведенной соответствует ее внешнему положению в среде наводящей. Причины ускорения можем найти внутри наведенной, исходя из характеристик потенциальных определенностей ее собственной среды, что удобно пояснить на следующих рисунках (рис. 12, 13):

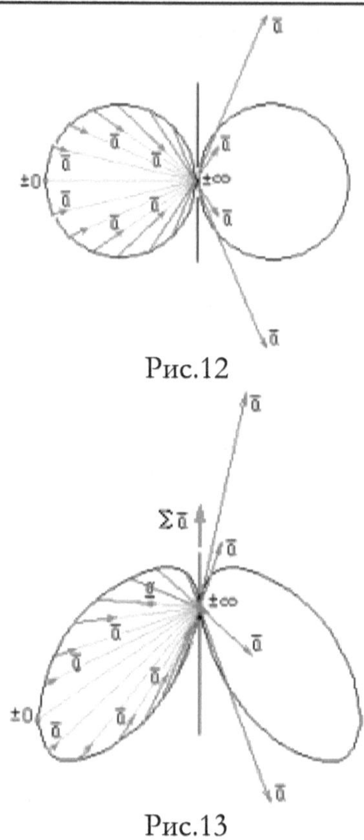

Рис.12

Рис.13

На рисунках изображены условные поверхности, которые используем для определения верхнего потенциала. На рис.12 показано симметричное состояние, соответствующее изотропной структуре конструкции в целом. Вектора ускорений потенциальных определенностей поверхности направлены к центру образования, именно так происходит в физических аналогах свободного циклического движения, вектора направлены в сторону действия силы, независимо совпадения ее с нормалью дуги траектории движения определенности, а так же плоскостью орбиты последней.

Асимметричное состояние той же конструкции изображено на рис. 13. Здесь очевидно неравновесие между векторами, определяющими общее ускорение формы в целом, складывающееся из векторов ускорений составляющих ее определенностей…

Для оценки величины общего ускорения за основу можно принять формулу гидродинамики для вычисления ускорения определенностей вихревого образования в физической среде:

$$a = m^2/r^3;$$

где m – константа, соответствующая верхнему потенциалу образования.

Очевидно, что формула справедлива для потенциальных определенностей геометрических образований, не организующих собственной среды, потому не взаимодействующих с материнским как самостоятельное образование. Реальные образования, характеризуемые наведением нижнего потенциала, имеют обратную зависимость уже наводящего потенциала от наведенного, что делает строгий математический вывод несколько затруднительным. Логически несложно предположить, что ускорение определенности, представляющей реальное образование, будет уменьшено пропорционально величине наводящего потенциала и обратно пропорционально расстоянию до наведенного, т.е. величину m^2/r^3 следует разделить на величину m/r, результатом чего получим $a = m/r^2$. Это же решение предлагает Ньютон для гравитационных масс, так же Кулон для точечных электрических зарядов:

$$F = k*m_1*m_2/r^2,$$

где

k – коэффициент приведения единиц;

$m_{1,2}$ – масса Ньютона, заряд Кулона.

Для кинематической схемы взаимодействия формулу удобнее переписать в следующем виде:

$$a_1 = m_2/r^2; \quad a_2 = m_1/r^2,$$

или обобщенно:

$$a = m/r^2.$$

Так для геометрических конструкций имеем притяжение, именуемое в физике гравитационным, но определяемым не массой, а потенциалом реальной определенности, величиной несколько более сложной. Заметим, потенциальные определенности среды можно, а зачастую и следует, рассматривать как реальные, имеющие нулевой собственный потенциал…

Возвращаясь к сочетаниям атомарных конструкций, предположительно химическое соединение в геометрическом начале представляет систему, подобную солнечной, где не электроны вращаются вокруг ядер, но одна атомарная конструкция вокруг другой. Если представить вещество, даже в самом плотном его состоянии, расстояния между атомами окажется несоизмеримо велико в отношении размеров последних. При этом в геометрической среде нет причин, способствующих сближению атомов на расстояние, каковое несложно представить исходя из их потенциала и законов взаимодействия, показанных выше. Вероятность случайного сочетания оказывается практически нулевой, и лишь работа органических механизмов может привести ее к достаточной для образования соединений.

Механизмы взаимодействия органического начала представлены выше, однако, в отличии геометрических, имеют свое проявление, каковое будет нелишним пояснить: Действие органического потенциала проявляется в особой вероятности события, результатом которого является геометрическая определенность, в данном случае совокупная. Субъективная органическая среда по существу представляет пространство вероятности событий субъекта, потенциальные определенности которой представляют все возможные вероятности, от равной, для изотропной структур, до необходимой и нулевой с различных сторон центра замыкания субъективной среды. Т.е. анизотропная структура органической определенности выражает направление и степень вероятности события, ей определяемого.

Органическое начало лежит в основании понятия энергии. Обычно последнюю полагаем как абсолютное существо, здесь иначе. Ближайшим соответствием окажется отсутствие организации, т.е. ничтожный органический потенциал определенности, проявляющий себя в хаотическом состоянии потенциальных, уже геометрических, определенностей собственной геометрической среды, степень и направление анизотропии измерений которых будет нестабильной. Полное отсутствие организации есть и отсутствие геометрической формы, состояние, именуемое плазмой. Таковое характеризует собственную среду физического атома, до некоторой условной поверхности, за которой элементарного потенциала оказывается достаточно для организации формы. Вообще с приближением к центру замыкания любой атомарной конструкции нестабильность структур резко возрастает, о чем свидетельствует состояние планетных форм, так же солнечной системы. Если рассмотреть с этой точки зрения субъективную геометрическую среду, наивысшей организации следует ожидать на окраинах, где и располагается субъект. Так внешним образом разделены центры органической и геометрической сред, что предположительно и определило возможность вселенной.

Есть и причина именования начала органическим. Если пройти чуть дальше атомарных и молекулярных конструкций, увидим достаточно сложные системы, никак не определяемые геометрическими законами отношений. Тем не менее законы все-таки определяют - законы органического начала. Они устраивают обстоятельства, согласно которым происходят те, а не иные сочетания. Органическое образование первообразная геометрическому, так выходит, что не части случайными сочетаниями образуют целое, но целое, существующее прежде в органической форме, определяет сочетания частей, формируя сообразную себе геометрическую оболочку.

Формирующее воздействие имеет свое представление в понятиях. Если взаимодействие геометрических конструкций именуем гравитацией, аналогичное взаимодействие органических именуем желанием. Речь не о человеческом желании, хотя существо понятия едино, и человеческое способно формировать обстоятельства, положим достижения некоторого желаемого события, повышая т.о. вероятность его достижения. Потенциал желания человеческого крайне незначителен, однако его возможно определить. Известны, например, эксперименты с заинтересованным подкидываем монетки, где вероятность очевидно отличается от ½, имея при этом и большую зависимость субъективного фактора…

Начало самости

Определение самости – одна из трех сторон акта определения. Самость - основание определения и определяет субъекта, каковой как раз и определяется в акте определения иного себя. Субъект т.о. является частью субъективной определенности. В понятиях математики он - первообразная события, как событие – своего результата, т.е. геометрической определенности. Прежде определяется субъект, полагающий событие отношения, результатом которого становится геометрическая определенность.

Самость, будучи стороной проявления определенности, оказывается независимой геометрического и органического ее проявлений, может существовать с минимальным геометрическим и органическим основаниями, никак не определяющими размер самости. Отношение сторон удобно представлять как отношение формы и существа. Самость является существом, имеющим в органической среде свою органическую форму, которая в свою очередь является существом, имеющим в геометрической среде геометрическую, так представляют реальность мира физического. Сама самость очевидно не представляет формы более высокого существа, тем не менее можно предполагать таковое, лежащее за границами наших представлений и неочевидно замыкающее производно-первообразный круг взаимоотношений. Это будет логично…

Начало самости есть трехмерный, актуально-бесконечный континуум абстрактных измерений «основности», полагаемый определенностью основания субъективности как одну из сторон собственной оценки абсолютного континуума. С определением в нем субъекта превращается в среду основности, замкнутую на себя конструкцию, образуемую тремя линейными измерениями и одним угловым, заключающим свободу ориентации самого субъекта и свободу движения по орбитам субъективных определенностей. Система измерений субъекта трехмерна и изотропна, система измерений субъективной определенности может иметь любую степень и направление анизотропии, определяемые ее положением и определяющие характер ее движения по орбите в среде субъекта. Это можно взять по аналогии с иными началами…

Потенциалы самости аналогичны геометрическим и органическим. Общий характеризует среду и равен совокупной величине самости вселенной. Верхний - скалярная величина, характеризуемая объемом условной формы субъективной конструкции. Нижний представляет долю и направление реализации верхнего, т.е. угловую асимметрию формы конструкции.

Симметричная органическая форма соответствует определенному, можно сказать единичному, отношению органического и самостного потенциалов. Несоответствие «верхнего» самостного, именно недостаток самости, проявляется в угловой асимметрии органической формы и обеспечивает ей «нижний» потенциал, связанный с внешним ее движением по орбите в среде субъекта. Кроме «верхнего» самостная определенность имеет «нижний» потенциал, каковой так же отражается на строении органической формы, приводит к внешней, линейной деформации, превращая ее в сфероид, сплюснутый или вытянутый по тому или иному из трех линейных ее измерений. Такой вид деформации обеспечивает организму собственный характер, проявляемый в организации соединений с основанием в самостных взаимодействиях. В основном это проявляется в человеческом обществе.

Отсутствие самости человек воспринимает как состояние мертвенности, отсутствие жизни. Избыток самости, невозможный вмещению примитивным организмом, может одушевлять внешнее окружение, обеспечивая совокупные существа, типа муравейника, улья, в человеческом обществе подобное существо некогда представляла первобытная община, аналогами являются социальные объединения, секта, толпа. Системные конструкции аналогичны органическим, образование подобно солнечной системе, имеет центр, нередко фиктивный, т.е. не имеющий геометрического и органического проявлений, вокруг которого вращаются части. Части – физические объекты, сочетающие в себе все начала, однако ни в геометрической, ни в органической среде основания притяжения к центру уже не найдем. Основанием служит взаимодействие самостных структур, механизмы которых разобраны выше на примере геометрических, однако проявления имеют свои отличительные черты.

Проявления определяется в понятиях личного характера, притягивающих определенность к существу того же начала. Здесь удобно оперировать аналогиями. Геометрическое это однозначно гравитационное взаимодействие, органическое есть физиологическая зависимость организма, проявляемая в желании, уже различном, самостное – зависимость души. Чем выше поднимаемся, тем более многообразные формы проявления наблюдаем, на уровне самости увидим страх, личную привязанность, симпатию, ненависть, любовь и множество иных понятий, обосновывающих невидимую связь. Это лишь формы проявления, обобщающим их существом, аналогично желанию в органическом, выступает понятие воли, определяющей направление и силу устремления определенности.

В основании понятия материи лежит самостное начало. Ближайшим соответствием окажется отсутствие самости, т.е. ничтожный самостный потенциал, превращающий органическую и геометрическую определенности в мертвые, не имеющие собственной воли формы, материал для одушевления самостью. Полное отсутствие самости невозможно, без нее не существует определенности, элементарную имеет атом, минимальную представляем в абстракции, именуемой материей.

Если, продолжив параллель, предположить место самости во вселенной, оно окажется непостоянным. Изначально ее следует предполагать на окраине геометрической конструкции вселенной виртуального субъекта, против центра замыкания органической среды. По мере эволюции вселенной он перемещается в направлении органического, или наоборот, но в некоторой точке они пересекаются, образуя единое существо, имя которому

«Человек», и далее вновь расходятся до диаметрально противоположного положения, как было в начале. При этом существует движение обоих центров в сторону третьего, так что самость и органический центр постепенно приближаются к геометрическому, сливаясь с ним в момент возвращения к начальному положению. Так вселенная возвращается в математическую точку, после некоторого пребывания в которой следует новый взрыв, разбрасывающий центры начал, ибо состояние неустойчиво.

Взрыв явление с одной стороны неизбежное, однако происходящее как проявление воли самости, именно жертвующей собой ради жизни бессчетных определенностей, потому явление с не меньшей долей истины можем именовать сотворением мира, что лишь другая сторона оценки явления. Творчество – процесс проявление самости, определяющей направление организации геометрических форм. Потому уже организмы этого мира есть твари, результат творчества определенностей, о которых имеем малое представление, но и они твари, результат творчества еще более высокой определенности - Творца.

Проявленная воля представляет конструкцию самости, живое существо, объединяющее части на основе общего устремления, в человеческом обществе обычно заключенного в форму идеи, учения, принципа, не суть важно. В первую очередь оно дает центру власть над частями, во вторую определяет направление развития событий, поскольку владеет желаниями частей, события формирующими. Целью центра может являться как первое, так и второе, однако существо представляет собственную волю, независимую воли оказавшейся в центре души человеческой. Если последняя его не устраивает, в центре становится другая.

Это как правило примитивные, потому уже жестокие существа, творимые не человеческой волей, хотя и питаемые последней. Творцов сложно сегодня определить, возможно это совокупная бессознательная воля отдельных групп, имеющих единые устремления душ, обычно низменные, однако же сильные в проявлении. Примитивность конструкции самости не есть правило, скорее настоящее состояние существа, проходящего законный путь эволюции. Они могут и будут объединяться, образуя сложные, высокоорганизованные системы, просто сегодня это трудно еще представить.

В заключении обобщим сказанное о материи.

Материя есть абстракция, жизнь которой дало человеческое восприятие мира на определенном участке своей эволюции. Ближайшим ее соответствием будет определенность с минимальным самостным потенциалом, таков камень, о котором шла речь в начале работы. Материя не то, что порождает, или использует сознание, продолжать рассуждения в этих понятиях будет бесперспективным, ибо понятие условно, привязано к человеческому восприятию, каковое суть следствие более объективных понятий и представлений.

Серия: **ЭЛЕКТРОДИНАМИКА**

Хмельник С.И.

Продольная электромагнитная волна как следствие интегрирования уравнений Максвелла

Аннотация

Рассматривается решение уравнений Максвелла в том случае, когда задана только определенная функция распределения плотности магнитных зарядов. Показывается, что только магнитные заряды указанного вида формируют электромагнитное поле, обладающее рядом особенностей - появляются плоское переменное электрическое поле и пространственное переменное магнитное поле, возникает продольная магнитная волна.

Оглавление

1. Определение некоторых функций.

Рассмотрим функции гиперболического косинуса $\mathrm{Ch}(\gamma y)$ и синуса $\mathrm{Sh}(\gamma y)$, где γ - известная константа, y - переменная, аргумент функций. Рассмотрим еще функцию, симметричную относительно точки $y = y_o$:

$$\mathrm{Chd}\left(y, y_o\right)=\begin{cases}-\mathrm{Ch}(\gamma y), & \text{if } y \in \left(\overline{y_o - R, y_o + R}\right), \\ 0, & \text{if } y \notin \left(\overline{y_o - R, y_o + R}\right).\end{cases} \qquad (4)$$

где

$$\max\left(\mathrm{Chd}(\gamma y)\right) = \mathrm{Chd}(\gamma R), \quad \max\left(\mathrm{Chd}(\gamma y)\right) = -1.$$

Рассмотрим, наконец, периодическую функцию

$$\mathrm{Chp}\left(z, \eta\right) = \sum_k \mathrm{Chd}\left(z, \eta \cdot k\right), \; \eta > 2R, \qquad (5)$$

где η - период этой функции. На рис. 1 в верхнем окне изображены эти функции, причем красные вертикали проведены с периодом η и проходят через максимумы функций $\mathrm{Chd}\left(\gamma y\right)$. На рис. 1

$$\gamma = 90, \quad R = 0.015, \quad m = 0.5, \quad \eta = 3R.$$

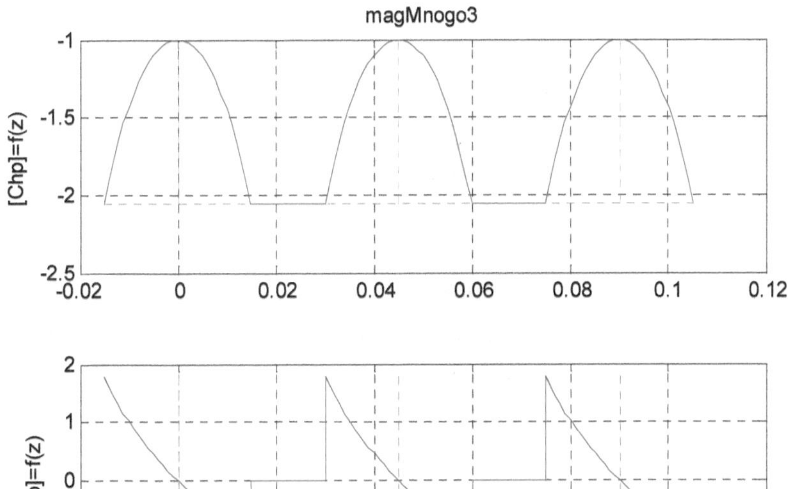

Рис. 1.

Определим еще производные введенных функций:

$$\mathrm{Shd}(y, y_o) = \frac{d\mathrm{Chd}(y, y_o)}{dy} =$$

$$\begin{Bmatrix} -\gamma \mathrm{Sh}(\gamma y), & \text{if } y \in \left(\overline{y_o - R, y_o + R}\right), \\ 0, & \text{if } y \notin \left(\overline{y_o - R, y_o + R}\right), \end{Bmatrix} \tag{8}$$

$$\mathrm{Shp}(z) = \frac{d\mathrm{Chp}(z)}{dz} = \sum_k \mathrm{Shdo}(z, d \cdot k). \tag{9}$$

Функции (8, 9) показаны на рис. 1 в нижнем окне. Очевидно,

$$\mathrm{Chd}(y, y_o) = \frac{d\mathrm{Shd}(y, y_o)}{dy}, \tag{10}$$

$$\mathrm{Chp}(z) = \frac{d\mathrm{Shp}(z)}{dz}. \tag{11}$$

Рассмотрим еще функцию, которая при нулевом значении аргумента $x = 0$ принимает единичное значение, а в остальных точках при $x \neq 0$ принимает нулевое значение. Это - функция Дирака, которую будем обозначать ее как $\lambda'(x)$.

2. Уравнения Максвелла

Приведем здесь уравнения Максвелла в декартовой системе координат (см., например, [1]). Обозначим

E - напряженность электрического поля,

H - напряженность магнитного поля,

φ - электрический скалярный потенциал,

μ - магнитная проницаемость,

ε - диэлектрическая проницаемость,

$1/\eta$ - электропроводность,

σ - плотность магнитного заряда.

1.	$\frac{dH_z}{dy} - \frac{dH_y}{dz} - \varepsilon \frac{dE_x}{dt} + \eta \frac{d\varphi}{dx} = 0$	
2.	$\frac{dH_x}{dz} - \frac{dH_z}{dx} - \varepsilon \frac{dE_y}{dt} + \eta \frac{d\varphi}{dy} = 0$	

3.	$\frac{dH_y}{dx}-\frac{dH_x}{dy}-\varepsilon\frac{dE_z}{dt}+\eta\frac{d\varphi}{dz}=0$		
4.	$\frac{dE_z}{dy}-\frac{dE_y}{dz}+\mu\frac{dH_x}{dt}=0$		(1)
	$\frac{dE_x}{dz}-\frac{dE_z}{dx}+\mu\frac{dH_y}{dt}=0$		
6.	$\frac{dE_y}{dx}-\frac{dE_x}{dy}+\mu\frac{dH_z}{dt}=0$		
7.	$-\frac{\partial E_x}{\partial x}-\frac{\partial E_y}{\partial y}-\frac{\partial E_z}{\partial z}=0$		
8.	$\frac{\partial H_x}{\partial x}+\frac{\partial H_y}{\partial y}+\frac{\partial H_z}{\partial z}-\frac{\sigma}{\mu}=0$		

3. Постановка задачи

Рассмотрим систему, в которой присутствуют движущиеся магнитные заряды, распределение плотности которых описывается функцией

$$\sigma(x,y,z,t)=\sigma_o\mathrm{Chp}(\theta z+\upsilon t)\mathrm{Chd}(\gamma y)\lambda'(x). \qquad (1)$$

Здесь не рассматривается техническая интерпретация такой системы. Главная цель состоит в том, чтобы доказать непосредственным интегрированием уравнений Максвелла, что в такой системе возникают продольные магнитные волны.

История поиска таких волн обстоятельно рассмотрена в [2]. Отметим, что существование продольных волн подтверждено также в в экспериментах [3], где зафиксированы т.н. "магнитные стены". В [4] описываются эксперименты по измерению магнитного поля постоянного магнита, где показано, что существует статическая продольная волна – волновое изменение напряженности статического магнитного поля.

Итак, будем искать решение в виде следующих функций напряженности магнитного поля, напряженности электрического полей и электрического потенциала:

$$E_x(x,y,z,t)=\mathrm{Chp}(\beta z+\upsilon t)\mathrm{Shd}(\theta y)f_{ex}(x), \qquad (2)$$

$$E_y(x,y,z,t)=\mathrm{Chp}(\beta z+\upsilon t)\mathrm{Chd}(\theta y)f_{ey}(x), \quad (3)$$

$$E_z(x,y,z,t)=\mathrm{Shp}(\beta z+\upsilon t)\mathrm{Shd}(\gamma y)f_{ez}(x). \quad (4)$$

$$H_x(x,y,z,t)=\mathrm{Chp}(\beta z+\upsilon t)\mathrm{Chd}(\theta y)f_{hx}(\chi x), \quad (5)$$

$$H_y(x,y,z,t)=\mathrm{Chp}(\beta z+\upsilon t)\mathrm{Shd}(\gamma y)f_{hy}(x), \quad (6)$$

$$H_z(x,y,z,t)=\mathrm{Shp}(\beta z+\upsilon t)\mathrm{Chd}(\gamma y)f_{hz}(x), \quad (7)$$

$$\varphi(x,y,z,t)=\mathrm{Shp}(\beta z+\upsilon t)\mathrm{Shd}(\gamma y)f_{\varphi}(x), \quad (8)$$

где E_x - проекция напряженности электрического поля на ось ox и т.п. Необходимо найти функции

$$f_{ex}(x),\ f_{ey}(x),\ f_{ez}(x),\ f_{hx}(x),\ f_{hy}(x),\ f_{hz}(x),\ f_{\varphi}(x)$$

в зависимости от известных $\sigma_o,\ \beta,\ \gamma,\ \upsilon$. Подставляя эти функции (1-8) в уравнения Максвелла, получаем:

$$\left\{\begin{array}{l} \eta f'_{\varphi}(x)\mathrm{Shp}(\beta z+\upsilon t)\mathrm{Shd}(\theta y) \\ +\theta f_{hz}(x)\mathrm{Shp}(\beta z+\upsilon t)\mathrm{Chd}'(\theta y) \\ -\varepsilon\upsilon f_{ex}(x)\mathrm{Chp}'(\beta z+\upsilon t)\mathrm{Shd}(\theta y) \\ -\beta f_{hy}(x)\mathrm{Chp}'(\beta z+\upsilon t)\mathrm{Shd}(\theta y) \end{array}\right\}=0 \quad (9)$$

и т.д. для всех восьми уравнений Максвелла, включая последнее, которое принимает вид

$$\left\{\begin{array}{l} f'_{hx}(x)\mathrm{Chp}(\beta z+\upsilon t)\mathrm{Chd}(\theta y) \\ +\theta f_{hy}(x)\mathrm{Chp}(\beta z+\upsilon t)\mathrm{Shd}'(\theta y) \\ +\beta f_{hz}(x)\mathrm{Shp}'(\beta z+\upsilon t)\mathrm{Chd}(\theta y) \\ -(\sigma_o/\mu)\mathrm{Chp}(\beta z+\upsilon t)\mathrm{Chd}(\theta y)\lambda'(x) \end{array}\right\}=0. \quad (10)$$

После замены производных по формулам (1.8-1.11) и сокращения на общие множители, получаем следующую систему уравнений:

$$\eta f'_{\varphi}(x)+\theta f_{hz}(x)-\varepsilon\upsilon f_{ex}(x)-\beta f_{hy}(x)=0, \quad (11)$$

$$\eta\theta f_{\varphi}(x)-f'_{hz}(x)-\varepsilon\upsilon f_{ey}(x)+\beta f_{hx}(x)=0, \quad (12)$$

$$f'_{hy}(x)-\theta f_{hx}(x)+\beta\eta f_{\varphi}(x)-\varepsilon\upsilon f_{ez}(x)=0, \quad (13)$$

$$\mu\upsilon f_{hx}(x) - \beta\theta f_{ey}(x) + \theta f_{ez}(x) = 0, \tag{14}$$

$$\beta f_{ex}(x) + \mu\upsilon f_{hy}(x) - f'_{ez}(x) = 0, \tag{15}$$

$$f'_{ey}(x) + \mu\upsilon f_{hz}(x) - \theta f_{ex}(x) = 0, \tag{16}$$

$$-f'_{ex}(x) - \theta f_{ey}(x) - \beta f_{ez}(x) = 0, \tag{17}$$

$$f'_{hx}(x) + \theta f_{hy}(x) + \beta f_{hz}(x) - (\sigma_o/\mu)\lambda'(x) = 0. \tag{18}$$

Эта система 8-ми дифференциальных уравнений с 7-ю неизвестными функциями

$$f_{ex}(x),\ f_{ey}(x),\ f_{ez}(x),\ f_{hx}(x),\ f_{hy}(x),\ f_{hz}(x),\ f_{\varphi}(x)$$

избыточна.

4. Решение уравнений Максвелла при гиперболических функциях напряженности.

Отбросим уравнение (3.14) и будем решать систему из 7-ми оставшихся уравнений. Далее мы покажем, что уравнение (3.14) выполняется при подстановке решения этой системы. Перейдем к поиску решения, для чего представим эту систему в следующем виде:

$$S \cdot q + R \cdot \frac{dq}{dx} = Q\lambda'(x), \tag{13}$$

где

$$q = \begin{bmatrix} f_{ex}(x) \\ f_{ey}(x) \\ f_{ez}(x) \\ f_{hx}(x) \\ f_{hy}(x) \\ f_{hz}(x) \\ f_{\varphi}(x) \end{bmatrix}, \quad \frac{dq}{dx} = \begin{bmatrix} \partial f_{ex}(x)/\partial x \\ \partial f_{ey}(x)/\partial x \\ \partial f_{ez}(x)/\partial x \\ \partial f_{hx}(x)/\partial x \\ \partial f_{hy}(x)/\partial x \\ \partial f_{hz}(x)/\partial x \\ \partial f_{\varphi}(x)/\partial x \end{bmatrix}, \tag{14}$$

$$S=\begin{bmatrix} -\varepsilon\omega & 0 & 0 & 0 & -\beta & \theta & 0 \\ 0 & -\varepsilon\omega & 0 & \beta & 0 & 0 & \theta\eta \\ 0 & 0 & -\varepsilon\omega & -\theta & 0 & 0 & \beta\eta \\ 0 & 0 & 0 & 0 & \theta & \beta & 0 \\ \beta & 0 & 0 & 0 & \mu\omega & 0 & 0 \\ -\theta & 0 & 0 & 0 & 0 & \mu\omega & 0 \\ 0 & -\theta & -\beta & 0 & 0 & 0 & 0 \end{bmatrix}, \qquad (15)$$

$$R=\begin{bmatrix} 0 & 0 & 0 & 0 & 0 & 0 & \eta \\ 0 & 0 & 0 & 0 & 0 & -1 & 0 \\ 0 & 0 & 0 & 0 & 1 & 0 & 0 \\ 0 & 0 & 0 & 1 & 0 & 0 & 0 \\ 0 & 0 & -1 & 0 & 0 & 0 & 0 \\ 0 & 1 & 0 & 0 & 0 & 0 & 0 \\ -1 & 0 & 0 & 0 & 0 & 0 & 0 \end{bmatrix}, \quad Q=\begin{bmatrix} 0 \\ 0 \\ 0 \\ \sigma_o/\mu \\ 0 \\ 0 \\ 0 \end{bmatrix}. \qquad (16)$$

Здесь имеется в виду следующий порядок расположения уравнений: (3.11, 3.12, 3.13, 3.18, 3.15, 3.16, 3.17).

Метод решения уравнения вида (13) с функцией Дирака $\lambda'(x)$ предложен в [1]. Пример решения уравнения (13) при $\theta=90$, $\beta=110$, $\omega=1000$, $\sigma_o=-0.25$ приведен на рис. 1, 2, 3. Рис. 1 изображает графики искомых функций, рис. 2 – графики производных от этих функций, а рис. 3 – графики невязок в уравнениях (13). На этих рисунках при $x>0.06$ видны "всплески" некоторых функций, что объясняется методическими ошибками. В последнем окне на всех трех рисунках показана ошибка выполнения условия (3.14), которое выше мы отбросили с целью ликвидации переопределенности системы уравнений. Тем самым показана правомерность этого отбрасывания.

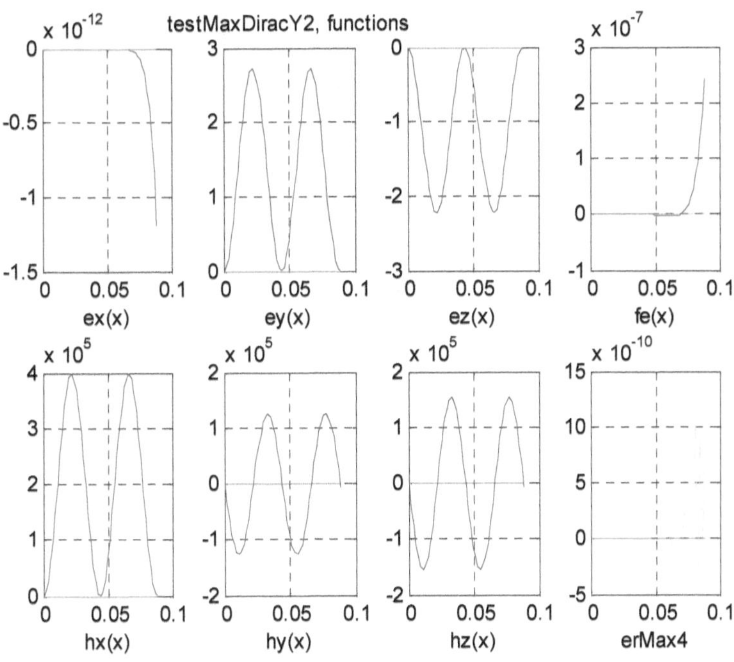
testMaxDiracY2, functions
x 10^-12
ex(x)
ey(x)
ez(x)
x 10^-7
fe(x)
x 10^5
hx(x)
x 10^5
hy(x)
x 10^5
hz(x)
x 10^-10
erMax4

Рис. 1.

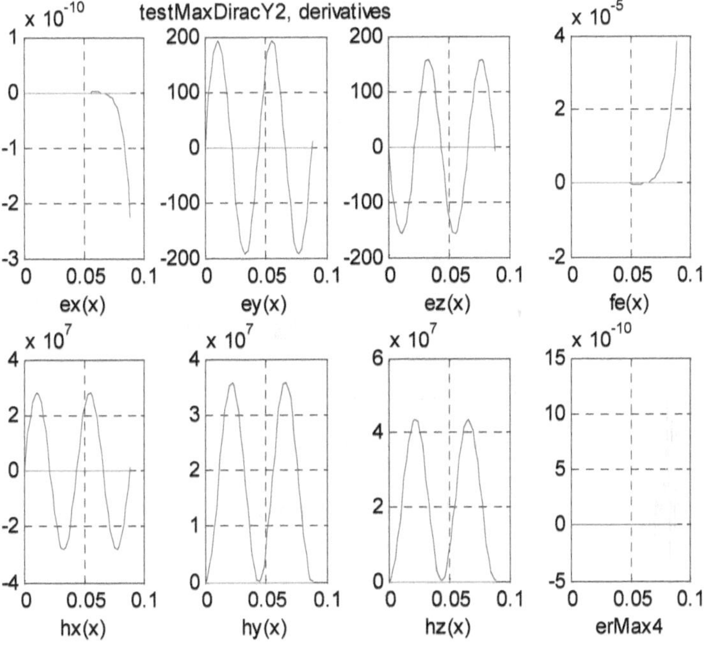
testMaxDiracY2, derivatives
x 10^-10
ex(x)
ey(x)
ez(x)
x 10^-5
fe(x)
x 10^7
hx(x)
x 10^7
hy(x)
x 10^7
hz(x)
x 10^-10
erMax4

Рис. 2.

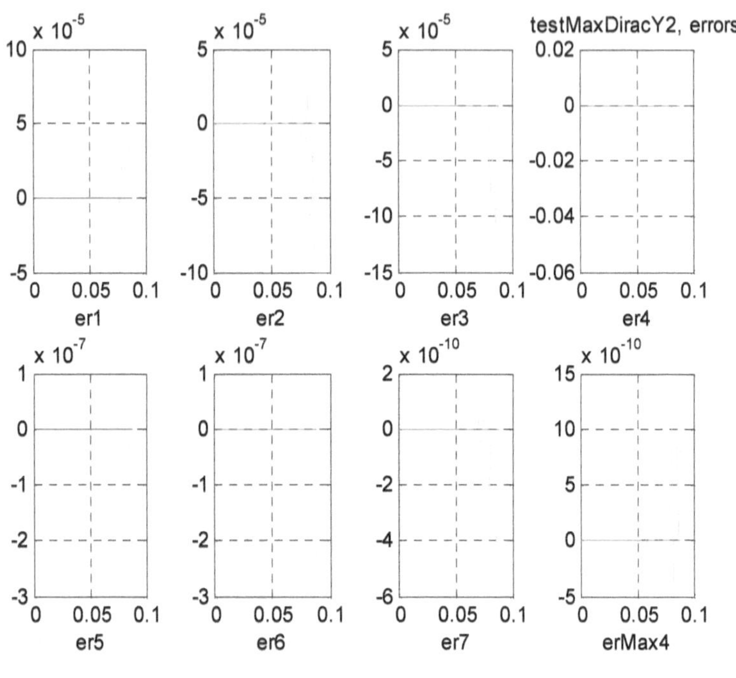

Рис. 3.

При решении дифференциальных уравнений с воздействиями в виде функций Дирака $\lambda'(x)$ получаемые функции и их производные могут содержать переменную составляющую, ступенчатую составляющую $\lambda(x)$, функцию Дирака $\lambda'(x)$ и постоянную составляющую [1]. В нашем случае в результате решения появились функции следующего вида:

$$q = \begin{bmatrix} f_{ex}(x) = 0 \\ f_{ey}(x) = e_y(1 - \cos(\chi x)) \\ f_{ez}(x) = e_z(-1 + \cos(\chi x)) \\ f_{hx}(x) = -h_x(\lambda(x) + \cos(\chi x)) \\ f_{hy}(x) = -h_y \sin(\chi x) \\ f_{hz}(x) = -h_z \sin(\chi x) \\ f_{\varphi}(x) = 0 \end{bmatrix}, \qquad (17)$$

$$\frac{dq}{dx} = \begin{bmatrix} \partial f_{ex}(x)/\partial x = 0 \\ \partial f_{ey}(x)/\partial x = e_y \chi \sin(\chi x) \\ \partial f_{ez}(x)/\partial x = -e_z \chi \sin(\chi x) \\ \partial f_{hx}(x)/\partial x = h_x\left(\chi \sin(\chi x) - \lambda'(x)\right) \\ \partial f_{hy}(x)/\partial x = h_y \chi\left(\lambda(x) - \cos(\chi x)\right) \\ \partial f_{hz}(x)/\partial x = h_z \chi\left(\lambda(x) - \cos(\chi x)\right) \\ \partial f_{\varphi}(x)/\partial x = 0 \end{bmatrix}. \tag{18}$$

В частности, при $x = 0$ имеем:

$$q(x=0) = 0, \tag{19}$$

$$\frac{dq}{dx}(x=0) = \begin{bmatrix} \partial f_{ex}(x)/\partial x = 0 \\ \partial f_{ey}(x)/\partial x = 0 \\ \partial f_{ez}(x)/\partial x = 0 \\ \partial f_{hx}(x)/\partial x = -h_x \lambda'(0) \\ \partial f_{hy}(x)/\partial x = 0 \\ \partial f_{hz}(x)/\partial x = 0 \\ \partial f_{\varphi}(x)/\partial x = 0 \end{bmatrix}. \tag{20}$$

Подставим (17, 18) в уравнения (3.11-3.18) и получим:

$$\left(\beta h_y - \theta h_z\right)\sin\left(\chi x\right) = 0, \tag{21}$$

$$\left\{\begin{matrix} \left(e_y \varepsilon \upsilon - h_x \beta + h_z \chi\right)\cos\left(\chi x\right) \\ + \left(h_x \beta - h_z \chi\right)\lambda(x) - e_y \varepsilon \upsilon \end{matrix}\right\} = 0, \tag{22}$$

$$\left\{\begin{matrix} \left(e_z \varepsilon \upsilon + h_x \theta - h_y \chi\right)\cos\left(\chi x\right) \\ + \left(h_y \chi - h_x \theta\right)\lambda(x) - e_z \varepsilon \upsilon \end{matrix}\right\} = 0, \tag{23}$$

$$\left\{\begin{matrix} \left(e_y \beta + e_z \theta - h_x \mu \upsilon\right)\cos\left(\chi x\right) \\ h_x \mu \upsilon \lambda(x) - e_y \beta - e_z \theta \end{matrix}\right\} = 0, \tag{24}$$

$$\left(e_z\chi - h_y\mu\upsilon\right)\sin(\chi x) = 0, \tag{25}$$

$$\left(e_y\chi - h_z\mu\upsilon\right)\sin(\chi x) = 0, \tag{26}$$

$$\left(e_y\theta - e_z\beta\right)\cos(\chi x) - e_y\theta + e_z\beta = 0, \tag{27}$$

$$\left(h_x\chi - h_y\theta - h_z\beta\right)\sin(\chi x) - \left(h_x + \sigma_o/\mu\right)\lambda'(x) = 0. \tag{28}$$

При $x \geq 0$ ступенчатая функция $\lambda = 1$. С учетом этого приведенные уравнения после сокращения на общие множители принимают вид:

$$\beta h_y - \theta h_z = 0, \tag{31}$$

$$e_y\varepsilon\upsilon + h_x\beta + h_z\chi = 0, \tag{32}$$

$$-e_z\varepsilon\upsilon + h_x\theta + h_y\chi = 0, \tag{33}$$

$$e_y\beta + e_z\theta + h_x\mu\upsilon = 0, \tag{34}$$

$$e_z\chi - h_y\mu\upsilon = 0, \tag{35}$$

$$e_y\chi - h_z\mu\upsilon = 0, \tag{36}$$

$$e_y\theta - e_z\beta = 0, \tag{37}$$

$$h_x\chi - h_y\theta - h_z\beta = 0, \tag{38}$$

$$h_x - \sigma_o/\mu = 0. \tag{39}$$

Решая эту систему уравнений, находим:

$$h_x = -\sigma_o/\mu, \tag{40}$$

$$\chi = \sqrt{\gamma^2 + \theta^2 - \varepsilon\mu\upsilon^2}, \tag{41}$$

$$\xi = 1/\left(\beta^2 + \theta^2\right), \tag{42}$$

$$h_y = h_x\theta\chi\xi, \tag{43}$$

$$h_z = h_x\beta\chi\xi, \tag{44}$$

$$e_y = h_x\beta\mu\upsilon\xi, \tag{45}$$

$$e_z = h_x\theta\mu\upsilon\xi. \tag{46}$$

Таким образом, показано, что функции (3.1-3.8) удовлетворяют уравнениям Максвелла, где функции

$$f_{ex}(x),\ f_{ey}(x),\ f_{ez}(x),\ f_{hx}(x),\ f_{hy}(x),\ f_{hz}(x),\ f_{\varphi}(x)$$

имеют вид (17, 18), а параметры $\chi,\ h_y,\ h_z,\ e_x,\ e_y,\ e_z,\ \varphi_\varphi$ этих функций определяются по известным $h_x,\ \beta,\ \theta,\ \upsilon$.

5. Частный случай: статическое поле

Рассмотрим частный случай, когда $\gamma=\theta,\ \upsilon=0$. При этом функция (3.1) распределения плотности магнитного заряда принимает вид

$$\sigma(x,y,z)=\sigma_o \mathrm{Chp}(\gamma z)\mathrm{Chd}(\gamma y)\lambda'(x), \tag{1}$$

и остаются только функции напряженности магнитного поля вида

$$H_x(x,y,z,t)=\mathrm{Chp}(\gamma z)\mathrm{Chd}(\gamma y)f_{hx}(\chi x), \tag{2}$$

$$H_y(x,y,z,t)=\mathrm{Chp}(\gamma z)\mathrm{Shd}(\gamma y)f_{hy}(x), \tag{3}$$

$$H_z(x,y,z,t)=\mathrm{Shp}(\gamma z)\mathrm{Chd}(\gamma y)f_{hz}(x), \tag{4}$$

где в соответствии с (4.17)

$$\begin{aligned} f_{hx}(x)&=h_x(\lambda(x)-\cos(\chi x)),\\ f_{hy}(x)&=-h_y\sin(\chi x),\\ f_{hz}(x)&=-h_z\sin(\chi x). \end{aligned} \tag{5}$$

Из (4.18) получаем

$$\begin{aligned} \partial f_{hx}(x)/\partial x&=h_x(\chi\sin(\chi x)+\lambda'(x)),\\ \partial f_{hy}(x)/\partial x&=h_y\chi(\lambda(x)-\cos(\chi x)),\\ \partial f_{hz}(x)/\partial x&=h_z\chi(\lambda(x)-\cos(\chi x)). \end{aligned} \tag{6}$$

Наконец, (4.41-4-46) получаем

$$\chi=\gamma\sqrt{2}, \tag{7}$$

$$\xi=0.5/\gamma^2, \tag{8}$$

$$h_y=h_z=h_x\gamma\chi\xi, \tag{9}$$

или

$$h_z=h_y=h_x/(2\sqrt{2}), \tag{10}$$

Таким образом при $\upsilon=0$ существует только статическое магнитное поле, удовлетворяющее уравнениям (1-5, 7, 11).

7. Выводы

Анализируя полученное решение можно заметить, что **<u>только</u> магнитные заряды** указанного вида формируют электромагнитное поле со следующими особенностями:

- проекция электрической напряженности на ось ox равна нулю,
- появляется плоское (без указанной составляющей) переменное электрическое поле
- электрический потенциал равен нулю,
- появляется пространственное переменное магнитное поле,
- вдоль оси ox возникает **<u>продольная магнитная волна</u>** (поскольку проекция магнитной напряженности на ось ox зависит от координаты x),
- длина продольной магнитной волны и амплитуды напряженностей электромагнитного поля определяются через амплитуду функции распределения плотности магнитного заряда.

Литература

1. Хмельник С.И. Вариационный принцип экстремума в электромеханических и электродинамических системах. Publisher by “MiC”, printed in USA, Lulu Inc., ID 1769875, Израиль, 2008, ISBN 978-0-557-04837-3,
2. Еньшин А.В., Илиодоров В.А. Продольные электромагнитные волны – от мифа к реальности. SciTecLibrary.ru, 2005, http://www.sciteclibrary.ru/rus/catalog/pages/8036.html
3. Рощин В.В., Годин С.М. Экспериментальное исследование физических эффектов в динамической магнитной системе. Письма в ЖТФ, 2000, том 26, вып. 24. http://www.ioffe.rssi.ru/journals/pjtf/2000/24/p70-75.pdf
4. Хмельник С.И., Мухин И.А., Хмельник М .И. Продольные волны постоянного магнита. «Доклады независимых авторов», изд. «DNA», printed in USA, Lulu Inc., ID 2221873. Россия-Израиль, 2008, вып. 8. ISBN 978-1-4357-1642-1.

Авторы

Адаев Уалихан Жолдасбекович, *Казахстан*
aydosbaba@yahoo.com

Живу в городе Шымкент. Окончил Казахский химико-технологический институт в 1983 году по специальности инженер-строитель. В настоящее время занимаюсь малым бизнесом. Область интересов - исследование природы и механизма образования гравитации, ее влияния на такие природные явления, как землятресение, цунами, вулканы и образования погодных условий. В своих исследованиях, с точки зрения влияния гравитации, объясняю вращение планет вокруг собственной оси, их движения по орбите, образование орбит. На все указанные природные явления имею собственную точку зрения, отличающуюся от традиционных.

Гершман Яков Хаимович; *Израиль.*
eya_israel@hotmail.com

К.т.н.

Директор компании " EYA –high tech agricultural systems Ltd", Израиль.

Работы в области прикладной агрофизики

Карпов Михаил Анатольевич , *Россия.*
karpovm@mail.ru

Родился в 1959г. В 1981г. закончил радиофизический факультет Горьковского Государственного Университета по специальности «Радиофизика и электроника». Область интересов - физика элементарных частиц и космология. Женат, имею двух сыновей.

Крайнюченко Ирина Васильевна, *Россия.*
kiv52@list.ru
Доктор философских наук, профессор кафедры Института экономики и управления (Пятигорск). Автор 90 научных работ и 7 монографий.

Недосекин Юрий Андреевич, *Россия.*
meson@inetcomm.ru
Окончил в 1969 году физфак Томского государственного университета по специальности “Теоретическая физика”.

Поплавной Сергей Александрович, *Россия.*
poplavnoj_sa@nkmk.ru
1963 г.р., уроженец г. Ачинска Красноярского края. Окончил в 1989г. Томский госуниверситет им. В.В. Куйбышева (ТГУ), факультет – геолого-географический, специальность – «Гидрология Суши». В настоящее время работаю инженером в отделе главного энергетика ОАО «НКМК» (Новокузнецкий Металлургический Комбинат). Научные интересы: теоретические и практические исследования в различных областях естествознания. В марте 2006г. в опытах с отраженным солнечным светом по величине астрономической аберрации, обусловленной суточным вращением Земли, измерил скорость Земли относительно Абсолютной системы отсчета. Изобрел главную оптическую деталь микроинтерферометра и рассчитал ее параметры для измерения величины Абсолютной скорости тел в интервале 0÷300 км/с. Получен патент №2310030 «Скоростной рельс (варианты)», 2007г. Бюл. №31.

Попов Валерий Петрович, *Россия.*
kiv52@list.ru
Доктор химических наук, профессор кафедры «Менеджмента» Пятигорского технологического университета. Автор 160 научных работ и 10 монографий.

Фокин С. А., *Россия.*
serfok@yandex.ru, ivkuz@yandex.ru
1976 г. р. В 1999 г. окончил факультет Почвоведения МГУ.

Фрейман Игорь Евгеньевич, *Россия.*
freiman_@mail.ru
Г. Тула

Хмельник Михаил Ицкович, *Израиль.*
solik@netvision.net.il
Доктор физико-математических наук. Научные интересы –гидродинамика, теория фильтрации, ток в газах, математика. Имеет около 120 научных статей. Подготовил ряд кандидатов и докторов наук. Много лет работал доцентом, а затем профессором Московского государственного университета печати.
Много лет был ученым секретарем семинара по гидродинамике при Институте проблем механики АН (СССР, а затем РФ), ученым секретарем секции физики Московского общества испытателей природы при МГУ. Почетный профессор Кыргызского государственного университета строительства, транспорта и архитектуры.

Хмельник Соломон Ицкович, *Израиль.*
solik@netvision.net.il
К. т. н., научные интересы – электротехника, электроэнергетика, вычислительная техника, математика. Имеет около 200 изобретений СССР, патентов, статей, книг. Среди них – работы по теории и моделированию математических процессоров для операций с различными математическими объектами; работы по новым методам расчета электромеханических и электродинамических систем; работы по управлению в энергетике.

www.ingramcontent.com/pod-product-compliance
Lightning Source LLC
Chambersburg PA
CBHW030932180526
45163CB00002B/537

* 9 7 8 0 5 5 7 0 5 8 3 1 0 *